ESQUISSE

DES

ANIMAUX MAMMIFÈRES

LES PLUS REMARQUABLES

PAR M. AD. FOCILLON

DIRECTEUR DE L'ÉCOLE SUPÉRIEURE MUNICIPALE COLBERT, A PARIS

TOURS

ALFRED MAME ET FILS

ÉDITEURS

ESQUISSES

DES

ANIMAUX MAMMIFÈRES

LES PLUS REMARQUABLES

———

PETIT IN-8° ILLUSTRÉ

Combat d'un chien terrier contre les rats.

ESQUISSES

DES

ANIMAUX MAMMIFÈRES

LES PLUS REMARQUABLES

PAR M. Ad. FOCILLON

DIRECTEUR DE L'ÉCOLE SUPÉRIEURE MUNICIPALE COLBERT, A PARIS

DEUXIÈME ÉDITION

TOURS

ALFRED MAME ET FILS, ÉDITEURS

M DCCC LXXXIV

INTRODUCTION

§ 1. — LA CLASSE DES MAMMIFÈRES

La terre sur laquelle nous vivons est revêtue d'un manteau verdoyant et toujours renouvelé, que lui forment les plantes. Elle est habitée par une grande variété d'animaux. Les vastes profondeurs des mers, où nos yeux ne peuvent pénétrer, cachent dans leur sein de nombreuses plantes qui leur sont propres. Une multitude inimaginable d'animaux de toutes sortes peuple ces abîmes dont nous sillonnons péniblement la surface. Au milieu de ces espèces sans nombre, notre attention se fixe de préférence sur une classe d'êtres que tout rapproche de nous. C'est cette classe d'animaux, terrestres pour la plupart, parmi lesquels l'espèce humaine compte des compagnons de ses travaux, des serviteurs et des amis; cette classe d'animaux entre lesquels il faut citer d'abord le chien et le cheval, et, non loin d'eux pour l'importance des services, le bœuf, le mouton, la chèvre, l'âne, le chameau. C'est là que se rencontrent des animaux dont la taille, la force, la structure conviennent aux besoins des hommes. Leurs instincts sont propres à entrer en rapport avec l'intelligence humaine. L'homme, qui les élève, les nourrit et les soigne, réussit à les dresser à des travaux sou vent compliqués, importants et fructueux. Avec leur aide, il aborde et mène à bonne fin des entreprises où il échouerait sans eux. Dans cette communauté de vie et de labeurs, des sentiments touchants prennent naissance. Ils rattachent l'ani-

mal à l'homme par des liens où leurs natures, si profondément éloignées lorsqu'il s'agit de comprendre, de réfléchir
et de raisonner, se rapprochent sans peine lorsqu'il suffit de
s'aimer et d'échanger des témoignages d'affection. Ce sont là
les vrais animaux *domestiques,* hôtes de la maison, serviteurs rudement assujettis, commensaux dont la chair et les
dépouilles servent encore à nos besoins.

Cette classe d'animaux privilégiés compte, à l'état sauvage, un grand nombre d'espèces dont les mœurs variées et
la conformation curieuse méritent, à d'autres titres, de fixer
l'attention. Les forêts, les pâturages naturels, les marécages, les eaux des fleuves, des lacs, des mers elles-mêmes
leur donnent asile. Parmi elles se trouvent les plus grands
animaux que nous connaissions actuellement. Par contre, la
plus petite de ces espèces, bien qu'elle ne dépasse guère
trois centimètres de longueur, plus une queue presque aussi
longue, serait encore de forte taille, si on la compare à
beaucoup d'animaux des autres groupes, tels que les insectes, les araignées, etc.

Enfin dans cette même classe occupent le premier rang
par leur organisation compliquée, leurs instincts variés et
leur intelligence relative, les singes, ces habitants sauvages
des forêts intertropicales que tout le monde connaît plus de
nom que de vue. Leur célébrité est due à leur conformation
extérieure. Sous mille formes ils nous offrent des carica-
tures tantôt grotesques, tantôt effrayantes, de l'homme, avec
lequel aucun d'eux ne se plie à vivre dans l'état domestique.

§ 2. — LA CONFORMATION CARACTÉRISTIQUE DES MAMMIFÈRES

La classe d'animaux que je viens de recommander à l'attention des lecteurs est caractérisée par la manière dont les
espèces qui la composent mettent leurs petits au monde et
surtout les nourrissent pendant les premiers temps de leur
existence. Qui ne rirait à l'idée de faire couver des œufs de
chien, des œufs de cheval? Qui ne rirait aussi non moins
fort si on lui proposait de faire teter un jeune poulet, un
caneton nouvellement éclos? Les faits dont je veux parler
sont donc en réalité connus de tout le monde. Je vais les

développer un peu pour compléter ce que chacun en sait déjà.

Le chien, le cheval, tous les animaux de la même classe ne pondent pas d'œufs. Les mères allaitent leurs petits pendant la première période de leur vie; c'est-à-dire qu'elles produisent du *lait* dès que les petits sont nés, et continuent à en produire à mesure que ceux-ci grandissent, jusqu'au moment où ils sont assez développés pour commencer à se nourrir des mêmes aliments que leurs parents.

Le lait est un liquide blanc opaque, aussi chaud, lorsque le petit le prend, que le corps même de la mère. Il est formé d'eau contenant en dissolution une matière sucrée (*sucre de lait*) et une matière quelque peu analogue au blanc d'œuf et à la viande, qui joue un grand rôle dans la confection des fromages (*matière caséeuse* ou *caseum*). Le lait contient en outre, sous la forme de petits globules d'une finesse extrême, une matière grasse bien connue sous le nom de *beurre*. C'est avec ce liquide, ainsi constitué, que les petits sont exclusivement nourris pendant un certain temps, qui est celui de leur première croissance. Le lait ne se borne donc pas à les entretenir; il les accroît; il leur sert à développer leur chair et leurs os. C'est, en un mot, un aliment puissant que la mère forme en elle et infuse, par l'allaitement, à ses petits. Durant qu'elle les portait dans son sein, c'est son sang qu'elle leur donnait; après la naissance, c'est avec son sang transformé en lait qu'elle continue son œuvre maternelle et achève de constituer le nouvel être qu'elle a formé. Ce lait si précieux pour les jeunes animaux se forme dans des organes placés à l'extérieur du corps, à la surface de la poitrine et du ventre. On leur donne le nom de *mamelles*. Comme la classe d'animaux qui nous occupe est la seule où l'on observe l'allaitement et l'existence des mamelles destinées à y pourvoir, on a donné aux animaux de cette classe le nom caractéristique de *mammifères*. Ce nom, tiré du latin, signifie *animaux portant des mamelles*.

L'immense majorité des mammifères possède quatre membres, comme le chien, le cheval et ceux que nous avons cités plus haut. On peut donc dire que la plupart des animaux mammifères sont en même temps *quadrupèdes*. Certaines espèces, conformées pour se mouvoir dans l'eau, sont seules dépourvues de membres postérieurs. Elles n'ont

1*

qu'une paire de membres, celle qui correspond aux bras. C'est précisément parmi elles que se trouvent les plus gros des animaux connus : les *baleines,* les *cachalots.* On leur donne le nom général de *cétacés,* du nom latin *cetæ,* que les anciens donnaient aux baleines et aux animaux analogues.

La peau des mammifères est très généralement couverte de poil : celui-ci est rare, court, serré, long, épais, selon les espèces ; tantôt uniforme dans sa couleur terne ou brillante, tantôt varié d'une façon plus ou moins agréable à l'œil. Il faut dire cependant que, d'une manière générale, le pelage des mammifères ne saurait rivaliser avec le plumage des oiseaux pour l'éclat ni pour la vivacité des nuances.

Quant à leur conformation intérieure, les mammifères offrent la plupart des dispositions essentielles que l'on trouve chez l'homme. Leur corps a pour charpente un squelette osseux, qui supporte les parties charnues et en est recouvert. Ce squelette détermine les formes essentielles du corps. Il fortifie les parois des grandes cavités destinées à contenir les organes internes ou *viscères,* tels que le cerveau, le cœur, les poumons, l'estomac, le foie, les intestins, etc. Son axe, situé dans le milieu du dos, est une colonne flexible et résistante en même temps que l'on appelle *colonne vertébrale,* parce qu'elle est composée d'une série d'os courts nommés *vertèbres.* La colonne vertébrale, complétée par les côtes, qui se rattachent en avant à l'os sternum, circonscrit la cavité de la poitrine, où se logent le cœur et les deux poumons. Elle soutient aussi la cavité du ventre, qui renferme l'estomac et les intestins ou boyaux, le foie, les reins et d'autres parties moins importantes.

Ainsi se trouve constitué le *tronc.* Il est continué en avant par la *tête,* contenant, dans la cavité osseuse du crâne, le cerveau et d'autres masses centrales, moins volumineuses, du système nerveux. La portion antérieure est formée par la face, où se remarque d'abord la bouche, autour de laquelle sont groupés les organes des sens : les yeux, les narines et les fosses nasales, les oreilles. Une langue charnue, contenue dans la bouche, possède sur sa face supérieure l'organe du goût. Les os des mâchoires, qui forment la charpente de la bouche, sont, chez presque tous les mammifères, armés de dents, dont le nombre, la forme, la consistance et la structure sont toujours adaptés au genre d'aliments que l'animal consomme.

En arrière, le tronc de la plupart des mammifères se prolonge en une queue plus ou moins longue, plus ou moins épaisse, parfois nue, plus souvent garnie de poils courts, ou longs et touffus.

Enfin les deux paires de *membres* sont fixées, l'une en avant du tronc, vers la base du cou, et elle y dessine la saillie plus ou moins marquée des épaules; l'autre paire est rattachée, en arrière du tronc, au ventre, qu'elle termine et protège en arrière par les os de la hanche et du bassin. Chaque paire présente le même nombre de parties ou articles : d'abord la base du membre; c'est, en avant, l'*épaule*, formée des os nommés clavicule et omoplate; en arrière, le *bassin*, formé des os des hanches appuyés sur les côtés de la colonne vertébrale. Le second article des membres est soutenu par un seul os long, entouré de chairs souvent abondantes : c'est le *bras*, en avant; c'est la *cuisse*, en arrière. Le bras se réunit par le coude à l'*avant-bras*, comme la cuisse s'attache à la *jambe* au moyen du genou. L'avant-bras et la jambe contiennent deux os longs placés à côté l'un de l'autre. L'une et l'autre paires de membres se terminent par des extrémités souvent nommées *pieds*, où l'on remarque des doigts, dont le nombre ne dépasse jamais cinq. Quatre d'entre eux peuvent avoir jusqu'à trois articles ou phalanges. S'il en est un qui n'en possède que deux, on lui donne le nom de pouce.

En un mot, les formes extérieures des mammifères sont assez analogues à celles de l'homme pour que les mêmes noms aient généralement pu être employés à les désigner.

Ce n'est pas ici le lieu de nous occuper des parties internes du corps des mammifères. Bornons-nous à quelques indications importantes, mais faciles à faire comprendre. Le corps de ces animaux est chaud, c'est-à-dire maintenu à une température fixe de quarante degrés centigrades, quels que soient la température extérieure et le climat habituel. La chaleur qui entretient cette température constante est due au sang qui circule dans toutes les parties du corps. Ce sang est rouge, et se renouvelle par l'alimentation à mesure qu'il

est employé à nourrir le corps. L'air, avec lequel il entre en
rapport par la respiration, le parfait et complète ses proprié-
tés. Le cœur lui donne le mouvement par lequel il circule.
Tous les animaux mammifères aspirent directement l'air de
l'atmosphère, et l'introduisent, par la bouche et les fosses
nasales, dans deux poumons où la respiration s'opère.

§ 3. — LE RÉGIME ALIMENTAIRE ET LES HABITUDES

Les mammifères ont en général une vie active qui exige
une alimentation abondante. Le choix de la nourriture est
varié d'une espèce à l'autre comme sont variées les res-
sources de la nature. Chaque espèce a un régime alimentaire qui lui est propre. Il en résulte, à cet égard, des
différences considérables de mœurs, d'habitation et de conformation, entre les diverses espèces.

Certains mammifères se nourrissent principalement, parfois même exclusivement, de chair morte ou vivante ; quelques-uns de sang tout chaud sortant du corps de leur victime
expirante. C'est là ce que l'on nomme un régime *carnivore*
(en latin, *carnem vorare* veut dire manger de la chair).
Ce sont des animaux de proie, des *carnassiers*. D'autres
mammifères vivent d'insectes et d'animaux semblables ; ce
sont des *insectivores*. D'autres, au contraire, ne mangent
que de l'herbe ou de jeunes pousses d'arbrisseaux ; ils sont
herbivores. Il en est qui vivent de fruits, de graines, et en
général des parties les plus substantielles des plantes ; c'est
le régime *frugivore*. Enfin d'autres s'alimentent d'une façon analogue à celle de l'espèce humaine ; ils mêlent dans
leur régime les fruits, les racines, avec la viande et la
graisse des animaux. Ce sont des mammifères *omnivores*.
Ce dernier mot signifie rigoureusement : animaux qui mangent toute espèce de nourriture. Il désigne, en réalité, le
mélange de matières animales et végétales qui caractérise
ce mode d'alimentation.

Les lieux habités par chaque espèce de mammifères diffèrent selon leur régime. Ainsi les pâturages naturels, c'est-
à-dire les plaines fertiles, les steppes herbus, les plateaux
gazonnés, offrent aux herbivores les moyens de se nourrir

abondamment. Ils s'y multiplient et y errent en troupes
nombreuses; ils s'y déplacent, au gré de leurs besoins, dès
qu'ils ont tondu l'herbe d'un canton et labouré le sol du
choc de leurs pieds. Abandonnant la région qu'ils viennent
d'exploiter, ils vont s'établir dans un autre canton et laissent à la nature le soin de renouveler le pâturage dont
ils s'éloignent, pour y revenir quand l'abondance y aura
reparu.

Les insectivores sont contraints de chercher, pour s'y établir, les lieux où les insectes abondent. Les uns les poursuivent dans le sein même de la terre cultivée, qu'ils ont
les moyens de fouir avec adresse; d'autres les chassent à la
surface des guérets ou des terrains boisés; d'autres sont
même conformés pour voler et les attaquer au milieu des
airs.

Le carnivore trouve dans certaines parties de son corps
les moyens d'attaquer sa proie. Les dents, les ongles des
doigts, conformés en griffes, deviennent ses armes de chasse
et de combat. Son genre de nourriture lui impose des habitudes de violence et de meurtre. Les espèces herbivores, les
oiseaux, les poissons sont les victimes désignées aux appétits naturels de ces brigands du règne animal. Selon leurs
aptitudes pour tel ou tel genre de proie, il leur faut vivre
près des pâturages, près des bois, près des cours d'eau, au
bord des mers. Leur conformation diffère suivant les lieux
où leurs besoins les appellent, suivant le mode d'attaque
qu'exige leur proie accoutumée.

Bref, les différences de forme, d'organisation et de mœurs
qui distinguent les mammifères entre eux, et les ressemblances qui les répartissent en groupes variés, ont pour
raison principale leur régime alimentaire, la nature des
lieux qu'il les oblige à habiter, les mouvements qu'ils ont
besoin d'exécuter pour se procurer et saisir leur nourriture. Les différences et les ressemblances dont je parle se
remarquent surtout, comme il est facile de le comprendre,
dans la disposition, les formes et le nombre de leurs dents,
dans la conformation de leurs membres et particulièrement
des extrémités.

§ 4. — LES GROUPES NATURELS D'ANIMAUX MAMMIFÈRES

Les naturalistes, aidés par les voyageurs, s'efforcent de connaître toutes les espèces de mammifères qui existent dans les divers pays du globe. Ils sont encore loin d'y être parvenus : néanmoins ils en ont déjà décrit et nommé environ deux mille espèces. Elles se rapportent à un petit nombre de groupes (nommés *ordres* par les zoologistes) dont il est intéressant de se faire une idée.

1° Les Quadrumanes.

Ce premier ordre de mammifères comprend surtout les *singes*, et avec eux certaines espèces disposées pour un genre de vie analogue. Tous ces animaux se nourrissent principalement de fruits, et aussi d'insectes et d'œufs d'oiseaux. C'est dans les rameaux des arbres qu'ils rencontrent leurs aliments favoris. Leur corps, et surtout leurs membres, sont conformés pour vivre au milieu des forêts ; sans cesse grimpants, sautillants ou perchés sur les branches, ils touchent à peine le sol, où la plupart d'entre eux se meuvent assez maladroitement. Nulle part l'épaisseur des bois n'est plus féconde en fruits, plus peuplée d'insectes, plus riche en nids d'oiseaux que dans les contrées chaudes situées autour de la ligne équatoriale. C'est là surtout qu'habitent les divers singes. Ils préfèrent les pays peu élevés au-dessus du niveau de la mer, abrités par une puissante végétation forestière, et où règne d'une manière continue une chaude température. Aucune espèce ne se rencontre dans les régions montagneuses quelque peu élevées. Le nom général de *quadrumanes*, donné aux mammifères de ce groupe, rappelle la conformation des extrémités de leurs membres. Pour s'accrocher aux branches des arbres, ils ont les quatre membres terminés par une main plus ou moins analogue à la main qui termine, chez l'homme, les membres supérieurs. Chacune de ces quatre mains est pourvue de cinq doigts. Lorsque l'animal veut saisir un objet, il applique d'un côté quatre doigts, et, du côté opposé, le pouce.

Le caractère de la main est dans *le pouce opposable aux autres doigts*. Ce sont donc, comme le dit leur nom, des mammifères *à quatre mains*. On les a souvent nommés aussi *primates*, d'un terme latin qui désigne les personnages du premier rang. Cette dénomination rappelle la ressemblance éloignée, mais frappante, que beaucoup d'espèces de singes offrent avec l'espèce humaine. Quelque imparfaite qu'elle soit, cette ressemblance met les singes au-dessus des autres mammifères. Elle leur assigne à leur tête un rang privilégié, et les constitue en une sorte d'aristocratie parmi les animaux; ce sont les *primates* du monde animal.

2° Les divers ordres de Carnassiers.

Un vaste groupe de mammifères est formé par les nombreuses espèces qui se nourrissent d'animaux. Mais les uns, comme les chauves-souris, poursuivent au vol dans les airs les insectes qui y voltigent; d'autres, comme les hérissons, les taupes, les musettes ou musaraignes, chassent d'autres espèces d'insectes à la surface ou dans la couche superficielle du sol. Les uns et les autres sont des insectivores; mais la faculté de voler distingue nettement les premiers des seconds. On s'accorde à en former deux ordres de mammifères : les *cheiroptères*, ou mammifères dont les mains sont transformées en ailes (tel est le sens de ce mot tiré du grec); les *insectivores*, dont le nom se comprend sans aucune difficulté.

Viennent ensuite les espèces vraiment carnivores, celles qui vivent de la chair des autres mammifères, de celle des oiseaux, des reptiles ou même des poissons. Ce dernier mode d'alimentation contraint, en général, les espèces qui le suivent exclusivement à s'aventurer dans les eaux pour y rechercher leur proie. Nous venons de parler de mammifères conformés pour voler à la poursuite des insectes; ici, nous aurons des mammifères organisés pour nager dans les mers à la poursuite des poissons qui les peuplent. La chauve-souris est une sorte de mammifère-oiseau; le phoque est une sorte de mammifère-poisson. Parmi les vrais carnivores, on a distingué par conséquent deux ordres : les *carnivores* proprement dits, où se remarquent les bêtes féroces les plus redoutées : le lion, le tigre, la panthère, le loup, l'ours, et aussi une espèce domestique des plus précieuses, le chien ; les *amphibies,* dont le nom cherche à rappeler les habitudes aquatiques unies à une conformation intérieure d'animaux terrestres, car ce sont des animaux mammifères modifiés pour se nourrir, dans les mers glaciales, des nombreux poissons qui y abondent.

3º Les Rongeurs.

Parmi les aliments que les végétaux peuvent fournir aux mammifères, il en est beaucoup qui offrent une consistance dure et résistante. On peut citer certains fruits, comme la noix et la noisette ; des graines souvent d'une grande dureté ; des racines, des fibres diverses, telles que celles du chanvre, du lin, du coton, etc. Un assez grand nombre d'espèces de mammifères s'attaquent à ces diverses matières, et les rongent pour y trouver leur subsistance. Les écureuils, les marmottes, les loirs, les campagnols ou rats des champs, les castors, les lièvres et les lapins vivent de cette façon. Quelques matières animales, telles que les viandes séchées pour conserves, le cuir, les fromages, les graisses solidifiées, doivent aussi être rongées pour servir d'aliments. Les rats et les souris sont organisés pour se nourrir de cette façon, tout en ne s'abstenant point de matières végétales, telles que le foin sec, le linge, etc. Tous ces animaux ont la bouche armée, sur le devant, des dents spéciales qui leur servent à ronger ; ce trait commun les rapproche d'une façon très nette. Bien que les uns grimpent sur les arbres, que d'autres se creusent des trous dans le sol, que d'autres enfin habitent nos demeures, où les conserves que nous emmagasinons fournissent abondamment à leurs besoins, tous ces mammifères forment un groupe naturel d'animaux suffisamment semblables pour être réunis dans un seul et même ordre sous le nom de *rongeurs.*

4º Les Ruminants.

Voilà un ordre de mammifères qu'un mode uniforme d'alimentation rend tout à fait analogues les uns aux autres dans leur conformation générale ; ils sont essentiellement faits pour manger la verdure des plantes, l'herbe, les bourgeons, les jeunes pousses. Un mot spécial de notre langue désigne leur façon de manger : ils *broutent*. Cette matière alimentaire se prend lentement, et doit être ingérée en grande quantité parce qu'elle est moins nourrissante que la viande, les insectes, les fruits et les graines ; elle demande à être mâchée d'une façon très complète et avec un soin extrême. Aussi ces animaux, après avoir longtemps brouté et introduit de la sorte une grande masse de matières herbacées dans leur corps, *ruminent*, c'est-à-dire les mâchent à loisir et par un travail lent et minutieux, en les ramenant peu à peu sous leurs dents. Ce sont généralement des animaux d'assez forte taille ; leur corps est charnu ; ils semblent avoir pour fonction, au milieu des mammifères, de convertir l'herbe et les feuilles en chair animale. C'est à ce point de vue que plusieurs espèces de ruminants, tels que le bœuf, le mouton, jouent dans la grande culture un rôle essentiel ; ils paissent nos herbages, et nous en rendent la matière nutritive sous la forme de viande de boucherie. Dans les contrées que l'agriculture n'a pas fécondées, les cerfs, les daims, les gazelles, les antilopes nous rendent, comme gibiers, un service du même genre.

Mais ce n'est pas le seul que nous demandions aux mammifères ruminants : leur taille et leurs membres charnus donnent à plusieurs espèces une force précieuse que les hommes utilisent de diverses façons. C'est parmi les ruminants que les divers peuples trouvent plusieurs de leurs bêtes de somme : les chameaux, les lamas, les rennes, les buffles, les bœufs, etc.

C'est là, pour l'espèce humaine, un des ordres les plus intéressants de la classe des mammifères.

5° Les Pachydermes.

D'autres mammifères vivent moins exclusivement de verdure et y mêlent des graines, des racines, ou même certaines substances provenant des animaux. On réunit dans un même ordre, sous le nom de *pachydermes*, ces herbivores non ruminants dont un grand nombre ont une peau remarquablement épaisse. Leur nom de pachydermes est formé de deux mots grecs et signifie *cuir épais*. Les éléphants, les rhinocéros, les hippopotames, les sangliers, les chevaux, les ânes, appartiennent à ce groupe, mais y présentent des formes assez dissemblables en même temps que fort curieuses.

6° Les Édentés.

Cet ordre ne comprend qu'un petit nombre d'espèces, dont aucune n'habite l'Europe. Les uns se nourrissent, sur les arbres, où ils se tiennent toujours, de fruits et de jeunes pousses ; d'autres se creusent en terre des trous où ils se tapissent, et vivent de fruits, de racines ou d'insectes. Leur nom d'*édentés* a le sens du mot vulgaire *brèche-dents*. Il ne signifie pas animaux privés de dents ; mais il rappelle que ces divers mammifères manquent de dents sur le devant de la bouche. Parmi eux, les uns en ont un grand nombre sur les côtés et dans le fond ; d'autres en sont absolument dépourvus.

7° Les Cétacés.

Dans l'ordre des *amphibies,* précédemment indiqué, on a pu voir un premier groupe de mammifères aquatiques allongés et effilés en arrière, de manière à rappeler la forme des poissons. Néanmoins les amphibies possèdent encore quatre membres ; il n'en est plus de même des *cétacés*. Plus semblables encore aux poissons, ils en ont le corps pointu en avant comme en arrière, leur queue prend une forme analogue à la nageoire caudale de ces animaux ; ils n'ont plus qu'une seule paire de membres, ceux de devant, et ceux-ci sont disposés en véritables nageoires. Plusieurs même ont sur le milieu du dos une sorte de nageoire ; ce sont d'ailleurs presque tous des habitants des grandes mers. Il en est de carnassiers, dont la voracité s'attaque aux poissons ou à d'autres cétacés : tels sont les dauphins, les marsouins, les narvals ; il en est d'herbivores, qui paissent les vastes prairies humides que forment les fucus et les algues sur beaucoup de plages. Les baleines, les cachalots, nourrissent la masse colossale de leur corps avec des vers marins, des mollusques et des poissons.

8° Les Marsupiaux ou Mammifères à bourse.

Les espèces de mammifères groupés dans les ordres qui viennent d'être énumérés sont réparties dans les diverses contrées du globe : en Europe, en Asie, en Afrique, dans les deux Amériques et dans les diverses îles de la mer des Indes et de l'océan Pacifique. L'Australie et l'Amérique du Sud ont le singulier privilège de posséder seules des animaux du groupe désigné sous le nom de *marsupiaux* (du mot latin *marsupium*, qui signifie *bourse*). Ce nom est dû à une conformation toute particulière destinée à protéger les petits. L'Australie ne nourrit pas d'autres mammifères ; ce sont les kanguroos, les phalangers, les dasyures, etc. Les sarigues, qui appartiennent au même groupe, habitent surtout les parties chaudes du continent américain. Je me borne à indiquer ici ce groupe, en quelque sorte à la fois géographique et naturel. Les espèces qu'il renferme sont connues depuis peu de temps, puisque leur patrie même est de découverte récente. Je me dispenserai d'y revenir plus loin.

9° Les espèces de Mammifères actuellement détruites.

Nous ne saurions nous vanter de connaître toutes les espèces de mammifères qui existent actuellement dans les divers pays du globe ; mais ce que nous savons d'une manière certaine, c'est qu'il a existé autrefois des espèces de mammifères qui sont éteintes, dont les derniers individus ont péri depuis plus ou moins longtemps. Les meilleures preuves que l'on en puisse donner sont fournies par les ossements qui constituent leurs restes, et que nous avons retrouvés dans le sol où leur dépouille s'est décomposée avec le temps. On a comparé ces ossements à ceux des espèces dont il existe encore aujourd'hui des individus vivants ; on a souvent reconnu qu'ils en différaient plus ou moins. Ainsi on a été conduit à penser que beaucoup d'espèces ont existé dans un passé plus ou moins lointain, qui n'existent plus aujourd'hui. Ce passé est bien plus éloigné de nous qu'on ne le pourrait croire; il remonte à des temps plus anciens que les premiers âges de l'histoire; même, le plus souvent, à des temps où les hommes n'existaient pas encore sur la terre.

Ces espèces ne nous sont connues que par des restes *enfouis* depuis des centaines, des milliers de siècles, dans les diverses couches dont le sol terrestre s'est formé. Aussi a-t-on appelé ces débris des *ossements fossiles*, en empruntant au latin le mot qui, dans cette langue, veut dire *enfouis*. On nomme *mammifères fossiles* ceux qui, ayant cessé de vivre sur notre globe, ne nous sont plus connus que par leurs ossements fossiles. On en a retrouvé de nombreuses espèces, et elles se répartissent, quoique inégalement, entre tous les ordres que nous avons nommés ci-dessus; mais le nombre des espèces éteintes ou fossiles est surtout considérable parmi les pachydermes et les édentés. Elles annoncent par leur squelette des formes souvent très différentes de celles que nous voyons aujourd'hui. Les **plus** curieuses de ces espèces éteintes seront signalées à leur place, parmi les espèces vivantes auxquelles elles ressemblaient.

DES ANIMAUX MAMMIFÈRES

LES PLUS REMARQUABLES

CHAPITRE I

LES SINGES

---

§ 1. — DISTRIBUTION GÉOGRAPHIQUE

Tout rapproche les singes de l'homme, si l'on ne considère que leurs formes et leur structure. Tout les en éloigne, si l'on ne tient compte que de leurs instincts, de leurs mœurs, de leur caractère. D'ailleurs la plupart des hommes ont une certaine répulsion pour ces bêtes indisciplinables, farouches et malignes, où nous retrouvons la parodie bouffonne, la caricature grotesque de nos gestes et de notre physionomie. Ceux qui, laissant de côté ce sentiment peu réfléchi, ont essayé de les élever ou de les apprivoiser ont en général peu réussi. Trompés d'abord par une certaine douceur de caractère, que les jeunes singes montrent habituellement, les auteurs de ces essais ont souvent vu se développer, avec l'âge, chez leurs élèves une méchanceté brutale, une malice dangereuse et une

indocilité intraitable. Cependant plusieurs espèces américaines sont plus heureusement douées. Les créoles des
parties chaudes du nouveau monde en conservent souvent
dans leurs maisons. Beaucoup de peuplades sauvages de
ces contrées se plaisent à retenir parmi leurs campements
des singes capturés dans les forêts où elles vivent. Mais
qu'il n'en n'est point de même des singes d'Asie et d'A-
frique! La force, la méchanceté brutale sont les traits distinctifs de ces animaux indomptables, aussitôt qu'ils parviennent à l'âge adulte.

En outre, les singes ne sauraient vivre sous tous les
climats où les hommes s'établissent. Ils ont pour patrie,
sauf de rares exceptions, la zone terrestre comprise entre
les deux tropiques. Les régions de cette zone dont le sol
ne s'élève pas en groupes montagneux, les nourrissent de
leurs riches productions naturelles et les animent de leur
air chaud et embaumé. C'est ainsi qu'en Asie la chaine
des monts Himalaya et les montagnes du Thibet limitent
les contrées où existent des espèces de singes; mais elles
abondent dans l'Inde, surtout au Bengale, dans l'île de
Ceylan, dans le sud de l'Indo-Chine, dans la presqu'île de
Malacca et dans l'île de Sumatra. On en trouve jusque
dans quelques provinces méridionales de l'empire chinois.
Les îles de la Malaisie, et surtout Bornéo et les Moluques,
en possèdent aussi un grand nombre; mais on n'en trouve
ni en Australie, ni dans la Nouvelle-Guinée, ni dans les
îles de l'Océanie, qui sont dispersées dans l'océan Pacifique
entre le tropique du Cancer et le tropique du Capricorne.
Il n'existe qu'une espèce de singes en Asie Mineure, en
Géorgie, en Syrie et en Perse; deux ou trois dans la presqu'île de l'Arabie.

L'Amérique offre un autre foyer d'habitation à d'autres
espèces de singes. Le sud du Mexique, les Guyanes, le
Paraguay, le Brésil, en nourrissent une grande quantité;
mais le massif des Andes, les montagnes de l'Amérique
centrale n'en ont point, sans doute à cause de l'élévation

de leur sol. Le Mexique septentrional et les États-Unis, d'une part, les contrées situées au sud du Paraguay, d'une autre part, en sont également privés, sans doute à cause de leur climat trop éloigné de celui de la zone équatoriale.

L'Afrique est peuplée de singes à peu près dans tous les lieux où l'on a pénétré jusqu'ici; mais le Congo, le Sénégal, le cap de Bonne-Espérance semblent être leur patrie de prédilection. Les pays barbaresques (Maroc, Algérie, Tunis, Tripoli) sont moins riches; on n'y trouve que deux ou trois espèces, qui se répandent jusque dans la haute Égypte.

L'Europe ne nourrit actuellement aucune espèce de singes. On a bien rencontré aux environs de Gibraltar quelques individus d'une espèce barbaresque, le magot, qui vit communément sur la côte méditerranéenne de l'Afrique; mais c'est là un fait d'émigration restreinte. Ce sont évidemment des animaux africains accidentellement transportés au delà du détroit.

Ce qu'il est curieux de remarquer, c'est qu'on a trouvé dans le sol de certaines parties de la Grèce, en France, en Angleterre, des os fossiles de singes. Ainsi il y a eu, dans les changements progressifs que le globe terrestre a subis, une période où les forêts de l'Europe étaient peuplées de plusieurs espèces de ce groupe; elles en ont disparu depuis longtemps.

La distribution des espèces de singes dans les diverses contrées du globe offre encore quelques faits remarquables. Les espèces asiatiques ne se retrouvent pas en Afrique, cette partie du monde ayant aussi les siennes qui n'existent point en Asie. Une différence bien plus tranchée sépare les espèces américaines de celles de l'ancien continent : ce sont des singes d'une famille distincte; plusieurs traits de leur conformation ne se retrouvent point chez les espèces d'Asie et d'Afrique, et réciproquement. Enfin l'île de Madagascar, qui géographiquement semble se rattacher à l'Afrique, ne nourrit aucun singe proprement dit; mais elle est le berceau d'une petite famille d'espèces particulières de quadrumanes, appelés *makis* ou *lémuriens*. On les a souvent désignés sous le nom expressif de *singes à museau de renard*, à cause de leur museau allongé en pointe. Une dernière singularité à noter, c'est que l'Inde, le midi de la Chine et les îles de la Malaisie sont habités par des animaux d'une conformation bizarre, qui ressemblent en beaucoup de points aux makis, et vivent comme eux dans les arbres; mais un large repli de la peau de chaque flanc, étendu d'un membre à l'autre, les soutient quelque temps dans les airs. On leur a donné les noms divers de *chats-singes*, de *makis volants*, enfin de *galéopithèques; ce dernier nom est seul employé aujourd'hui.

On distingue, en résumé, quatre groupes ou familles naturelles dans l'ordre des quadrumanes :

1° Les singes de l'ancien continent,
2° Les singes du nouveau continent;
3° Les lémuriens ou makis;
4° Les galéopithèques.

Quelques espèces remarquables en donneront une idée.

§ 2. — LES SINGES DE L'ANCIEN CONTINENT

Ce premier groupe de mammifères quadrumanes renferme les espèces qui ont avec l'espèce humaine les plus nombreuses ressemblances. Il est facile d'en signaler quelques-unes. Les singes de l'ancien continent ont, ainsi que l'homme, les mâchoires armées de trente-deux dents (huit incisives, quatre canines et vingt molaires). Quelques-uns d'entre eux sont dépourvus de queue; beaucoup d'autres en ont une, souvent même d'une longueur remarquable; mais elle n'est jamais conformée pour s'enrouler autour des branches par son extrémité, et constituer ce que l'on nomme une queue prenante. La tête, en général assez forte, présente, au milieu d'un visage qui parodie la figure humaine, un nez dont les narines sont séparées par une cloison étroite et ouvertes en dessous de la saillie nasale, d'une façon analogue à ce que l'on voit chez l'homme.

La plupart des espèces ont les fesses dénudées, et protégées par une couche de matière cornée. C'est ce que l'on nomme les *callosités*; elles leur servent surtout à se poser solidement sur les branches. Souvent ces callosités sont colorées de nuances vives.

Une autre disposition curieuse s'observe dans la bouche de ces animaux. Beaucoup de singes de l'ancien continent ont des joues extensibles. Celles-ci forment, sur les côtés des mâchoires et sous la peau, une poche plus ou moins dilatable à laquelle on donne le nom d'*abajoue*. Ces poches leur servent à mettre en réserve, au moment où ils la recueillent, une partie de leur nourriture, afin de la mâcher et de l'avaler à loisir.

Une dizaine d'espèces de singes africains ou asiatiques offrent avec l'espèce humaine plus de ressemblance que tous les autres; elles appartiennent aux quatre genres *chimpanzé*, *gorille*, *orang* et *gibbon*.

Le chimpanzé et le gorille vivent sous l'équateur, dans les forêts des parties de la Guinée qu'arrosent le Gabon et l'Ogowé. L'orang vit également sous l'équateur, dans les forêts des îles de Bornéo et de Sumatra. Quant aux gibbons, plus petits de taille et beaucoup moins semblables à l'homme, ils habitent l'Inde orientale, la presqu'île de Malacca, l'île de Sumatra.

Tous ces singes se rapprochent de l'homme, non seulement par le nombre, la disposition et les formes de leurs dents, mais aussi par l'absence complète de queue, par leur sternum aplati, qui donne à la partie moyenne de la poitrine une conformation plate, et non pas saillante et carénée comme chez les autres singes et à peu près tous les quadrupèdes. Ils n'ont pas, dans les joues, ces poches que nous avons appelées des abajoues. Les chimpanzés, les gorilles et les orangs ont les fesses velues, sans aucune callosité ; les gibbons seuls ont sur chaque fesse une nudité calleuse. Les uns comme les autres ont, aux quatre mains, les paumes et les plantes complètement nues, ainsi que le dessous des doigts. Leur corps est court et ramassé avec des bras fort longs, tandis que les jambes sont relativement très courtes. Nous savons peu de chose sur leur caractère, leurs instincts et leurs mœurs ; car leurs patries sont éloignées de l'Europe ; les voyageurs et les marins ont à peine pu pénétrer dans les forêts où ils se tiennent retirés. Les gibbons cependant ont pu être observés plus facilement, soit par les Indiens et les Malais aux pays où ils vivent, soit par des Européens dans quelques ménageries.

§ 3. — LE CHIMPANZÉ

De tous les singes, le *chimpanzé* est peut-être celui qui offre dans son organisation le plus d'analogie avec l'homme. Les proportions générales du corps sont plus humaines, si l'on peut dire : surtout parce que les bras, moins longs que ceux du gorille et de l'orang, ne dépassent guère les genoux lorsqu'ils pendent le long du corps. Les hanches, plus largement évasées, donnent plus de solidité aux membres postérieurs lorsque, par hasard, l'animal se dresse sans se soutenir avec les mains : mais ce n'est pas là son allure habituelle. Le chimpanzé est conformé pour vivre sur les arbres. Il se meut au milieu des branches avec une agilité extrême. A terre, il se tient assez souvent sur ses jambes sans s'aider de ses bras, surtout dans le jeune âge ; mais son corps n'est jamais dressé comme celui de l'homme. Courbé en avant, il porte la tête penchée vers le sol ; ses jambes sont toujours fléchies aux genoux et aux articulations des cuisses. Jamais, en un mot, cette attitude n'est la position verticale de l'homme debout sur ses pieds.

L'illustre Buffon a vu et observé un jeune chimpanzé (qu'il désigne à tort sous le nom d'orang), et voici ce qu'il en a écrit : « Il marchait toujours debout sur deux pieds, même en portant des choses assez lourdes. Son air était

Le chimpanzé
(jeune, tel qu'on l'a vu dans diverses ménageries).

assez triste, sa démarche grave, ses mouvements mesurés, son naturel doux et très différent de celui des autres singes : il n'avait ni l'impatience du magot, ni la méchanceté du babouin, ni l'extravagance des guenons. Il avait été, dira-t-on, instruit et bien appris; mais les autres que je viens, de citer et que je lui compare, avaient eu de même leur éducation. Le signe et la parole suffisaient pour faire agir notre orang-outang (lisez : chimpanzé); il fallait le bâton pour le babouin, et le fouet pour tous les autres, qui n'obéissaient guère qu'à la force des coups. J'ai vu cet animal présenter sa main pour reconduire les gens qui venaient le visiter, se promener gravement au milieu d'eux et comme de compagnie: je l'ai vu s'asseoir à table, déployer sa serviette, s'en essuyer les lèvres, se servir de la cuiller et de la fourchette pour porter à sa bouche, verser lui-même sa boisson dans un verre, le choquer lorsqu'il était invité, aller prendre une tasse et une soucoupe, l'apporter sur la table, y mettre du sucre, y verser du thé, le laisser refroidir pour le boire, et tout cela sans aucune instigation que les signes ou la parole de son maître, et souvent de lui-même. Il ne faisait de mal à personne, s'approchait même avec circonspection, et se présentait comme pour demander des caresses. Il aimait prodigieusement les bonbons, tout le monde lui en donnait, et, comme il avait une toux fréquente et la poitrine attaquée, cette grande quantité de choses sucrées contribua sans doute à abréger sa vie. Il ne vécut à Paris qu'un été, et mourut l'hiver suivant à Londres. Il mangeait presque de tout; seulement il préférait les fruits mûrs et secs à tous les autres aliments. Il buvait du vin, mais en petite quantité, et le laissait volontiers pour du lait, du thé ou d'autres liqueurs douces. »

Depuis l'époque de Buffon on a eu plusieurs fois l'occasion de posséder durant quelques mois, parfois même un an ou deux, de jeunes chimpanzés, qui se sont conduits à peu près comme celui dont parle notre grand naturaliste. Cependant il semble qu'il a trop insisté sur la tendance de ces animaux à marcher seulement sur leurs pieds de derrière. Les mains qui terminent leurs jambes leur servent beaucoup à saisir et à porter à leur bouche, particulièrement le verre où on les accoutume à boire. Tous ces jeunes singes se sont montrés très affectueux, sensibles aux reproches et aux châtiments.

Mais les récits des voyageurs, l'étude des chimpanzés adultes dont ils ont rapporté les dépouilles, nous donnent lieu de penser qu'avec l'âge le caractère change aussi complètement chez eux que les formes extérieures. Le chimpanzé adulte a une taille d'environ un mètre et demi. Son corps est couvert de poils noirs, sauf les fesses, qui portent des poils blancs. Le pelage est rare à la poitrine et au ventre. Les oreilles, la face intérieure des quatre mains et la face sont à peu près entièrement nues. La peau y est plus ou moins basanée. Le front est arrondi, très fuyant, et en partie caché derrière des arcades sourcilières très hautes et très fortes. Les yeux sont petits, mais vifs et expressifs. Le nez est plat, et les narines sont ouvertes obliquement sur les côtés. Le bas de la face s'avance en un museau allongé et saillant, moins prononcé et beaucoup moins bestial que ceux du gorille et de l'orang. Les lèvres sont minces et plaquées sur les dents, qui sont fortes et proéminentes. Les canines forment des crocs aux coins de la bouche, qui est très largement fendue. Cette tête, d'un aspect assez farouche en somme, est pourvue de deux oreilles grandes et bordées d'un bourrelet prononcé. Quelques poils noirs voilent les joues comme des favoris très peu fournis.

Ce n'est plus alors l'animal doux, affectueux, que l'on connaît dans son jeune âge; c'est une bête farouche, violente et querelleuse. Les mâles se chargent de protéger les bandes où ils vivent réunis aux femelles et aux jeunes. Ils se montrent agressifs, hardis et courageux. Les femelles manifestent les mêmes instincts pour défendre leurs petits. Les nègres des pays où vivent ces grands singes les regardent comme des sortes d'hommes sauvages. Ils les redoutent extrêmement, évitent de pénétrer dans leurs forêts natales, et considèrent les chasses dirigées contre eux comme des expéditions dangereuses. Ils désignent le chimpanzé, dans leur langue, sous le nom de *entché-éko,* d'où était venu le nom de *jocko,* oublié aujourd'hui, mais fort usité au siècle dernier. Comme on connaissait mal les dif-

férences qui existent entre le chimpanzé, le gorille et
l'orang, ce nom et plusieurs autres étaient confusément
appliqués, même par les naturalistes, à l'orang et au chimpanzé.

§ 4. — LE GORILLE

Voici peut-être le plus fort et le plus farouche des
singes quelque peu semblables à l'homme. Sa patrie est
la même que celle du chimpanzé. Les nègres du Gabon et
de la côte de Guinée lui donnent un nom analogue, mais
différent : le gorille s'appelle, dans leur langue, *entché-éna*.
Il n'y a pas longtemps qu'on le connaît comme une espèce
bien distincte du chimpanzé. C'est lui que, vers 1625, le
voyageur anglais André Battell, en visitant la côte du
Congo, signalait comme plus grand et bien différent du
jocko; il lui donnait le nom de *pongo*. Buffon a confondu
le gorille comme le chimpanzé, qu'il connaissait mal, avec
l'orang; il a employé, sans leur donner leur sens exact,
ces deux noms de jocko et de pongo.

Les premiers renseignements exacts sur le gorille ont
été publiés, en 1847, par le voyageur américain Savage.
Des individus morts ont été rapportés depuis en Europe,
et on a même possédé vivants un ou deux gorilles très
jeunes. Ceux-ci ne différaient pas beaucoup des jeunes
chimpanzés; mais il en est tout autrement des adultes.

Le gorille adulte est un grand singe aux proportions
massives et colossales. La taille de l'animal atteint un
mètre soixante-sept à un mètre soixante-dix. Le corps est
une masse ramassée, d'un tiers plus épaisse que la poitrine de l'homme. Ce tronc large et trapu est surmonté
d'une tête dont l'aspect féroce et brutal est vraiment
effrayant. Le cou est presque trois fois aussi épais que celui d'un homme de même taille, et il est notablement plus
court. La tête se compose d'un crâne pointu et fort peu

développé, au-devant duquel se redressent d'énormes arcades sourcilières et un museau épais, proéminent. Au milieu de ce museau bestial s'ouvre une bouche énorme, armée de fortes dents, parmi lesquelles se dressent quatre crocs robustes et pointus. La mâchoire inférieure, démesurément prolongée vers le cou, descend jusqu'au niveau des clavicules. Comme chez le chimpanzé, les yeux ne sont pas grands et le nez est aplati. La lèvre inférieure, très avancée, pend d'une façon hideuse en laissant les dents inférieures à découvert. Les membres sont d'une force inimaginable et très inégalement développés; tandis que les jambes sont un peu grêles, déjetées en dehors et toujours un peu fléchies sur elles-mêmes, les bras sont longs et charnus. Lorsque les deux bras sont étendus en croix par rapport au corps, on mesure de l'extrémité de la main droite à celle de la main gauche une longueur de deux mètres dix-huit. Chez l'homme, la même distance n'excède guère un mètre quatre-vingts; c'est donc environ un dixième en plus chez le gorille. Ce qui surprend le plus chez ce singe énorme, c'est la largeur inouïe des mains, et surtout des doigts qui terminent chacun des membres supérieurs. Lorsque l'animal laisse pendre de chaque côté ses deux bras, ceux-ci descendent un peu au-dessous du genou.

« Le gorille, dit Savage dans sa description, ne redresse jamais son corps sur ses jambes, comme le fait l'homme; il le tient penché en avant et se meut parfois en se roulant, parfois de droite à gauche. Comme ses bras sont plus longs que ceux du chimpanzé, il ne se baisse pas autant en marchant; comme lui, il marche en avançant les bras et en s'appuyant à terre à l'aide des deux mains; ainsi soutenu, il imprime à son corps un mouvement moitié sautillant, moitié oscillant, et son énorme corps se balance en s'élevant sur les deux bras, qui se tendent et se redressent. Ces animaux sont excessivement farouches, toujours disposés à attaquer et à combattre. Jamais on n'en a vu un fuir devant les hommes. Ils inspirent aux nègres une terreur si grande, qu'ils ne les attaquent jamais. Si dans leurs courses ils rencontrent un mâle, celui-ci, dès qu'il les aperçoit, ébranle toute la forêt d'un hurlement formidable. Ainsi avertis, les femelles et les jeunes gorilles disparaissent dans les profondeurs des bois; mais le mâle va droit à l'ennemi; il donne tous les signes d'une violente fureur, et répète coup sur coup ses hurlements terribles. Lorsque par hasard il a affaire à un chasseur, la lutte est grandiose et poignante. Le chasseur attend le monstre son fusil en joue. S'il est tireur infaillible, il envoie son coup dès que l'animal est à très courte portée; s'il ne se croit pas absolument sûr de son tir, il laisse le gorille approcher. Le singe saisit toujours de sa large et puissante main le canon du fusil, et le porte dans sa bouche pour le briser. C'est à ce moment précis que le chasseur lâche la gâchette et envoie sa balle dans la bouche, et, par là, dans la tête de l'animal. Si par malheur le coup rate, le canon de fusil est immédiatement brisé entre les dents du gorille, et la rencontre devient fatale au malheureux chasseur. Le meurtre d'un *entché-éna* est célébré par les nègres comme un haut fait d'adresse et de courage. »

Les gorilles vivent dans les forêts de la Guinée, surtout au Gabon. Ils se tiennent en petites troupes, composées chacune de plusieurs femelles et de quelques jeunes mâles, sous la garde et la conduite d'un seul mâle adulte. Leur séjour habituel est sur les arbres; ils s'y construisent, à l'enfourchement des grosses branches, des espèces de plates-formes composées de bâtons ou de branchages entre-croisés. C'est leur couche pour la nuit; mais elle n'a d'autre abri que le dôme de verdure de la forêt. Ces grands singes se nourrissent de fruits.

Le nom de gorilles, qu'on leur a donné, remonte à une haute antiquité. Cinq cents ans environ avant la naissance de Jésus-Christ, des marins carthaginois, conduits par un amiral nommé Hannon, exécutèrent un long voyage de

découvertes le long des côtes du Maroc actuel, du Sénégal,
de la Guinée. Vers les rivages auxquels nous donnons aujourd'hui le nom de Gabon, Hannon raconte avoir trouvé
une île peuplée d'hommes sauvages, et avec eux un bien
plus grand nombre de femmes sauvages, dont tout le corps
était velu. Les gens du pays, qui l'accompagnaient et lui
servaient d'interprètes, appelaient ces femmes sauvages
velues des *gorilles*. (Ce nom a été plus tard corrompu en
celui de *gorgones*.) Les navigateurs carthaginois parvinrent
à en tuer trois, dont ils prirent les corps et enlevèrent les
peaux; celles-ci furent rapportées à Carthage, et restèrent
pendant plus de trois cents ans exposées dans un temple à
la curiosité des visiteurs. Il est évident que les compagnons
d'Hannon avaient eu affaire à de grands singes tels que
ceux dont il est question dans ce paragraphe; voilà pourquoi on a repris et appliqué le vieux mot de *gorilles* à ces
animaux.

§ 5. — L'ORANG-OUTANG

Parmi les grands singes rapprochés de l'homme, l'*orang*
est le plus connu de nom; mais nous ne sommes guère
plus instruits que pour les autres au sujet de ses mœurs,
et même de sa conformation à l'âge adulte. Dans les récits
qu'on a publiés à son sujet, on a très souvent mêlé des
faits qui appartiennent au chimpanzé ou au gorille; il en
est résulté une obscurité assez grande dans nos connais-
sances sur ces deux espèces.

C'est dans les îles de la Sonde (Sumatra, Bornéo) que
vivent les *orangs-outangs*. Leur nom est composé de deux
mots malais que l'on peut traduire par *hommes sauvages*.
Les parties centrales de ces deux grandes îles sont couvertes de forêts à peu près impénétrables; là sont retirés
les grands singes qui représentent, en Asie, les chimpanzés et les gorilles de l'Afrique.

2*

La forme du corps de l'orang-outang, ses proportions, son genre de vie, en font un animal moins rapproché de l'homme que le chimpanzé et même le gorille. D'abord il existe une bien plus grande disproportion entre la longueur exagérée des bras et la brièveté des jambes. Les mains de l'orang touchent à terre lorsqu'il essaye de se tenir sur ses membres postérieurs. Allongés le long du corps, les bras descendent aux talons. Leur force est prodigieuse. Les doigts, longs et recourbés, sont véritablement faits pour s'accrocher aux branches des arbres. Les jambes sont d'une mobilité extrême sur le bassin; l'animal les ramène, sans aucune peine, en avant, de côté, jusqu'à la hauteur de la face. Lorsqu'il tente de se dresser sur ses membres postérieurs, ceux-ci restent fléchis sous le corps et le soulèvent incomplètement, tandis que les deux membres antérieurs atteignent encore le sol, s'y appuient les mains pliées, et par leur face supérieure. L'orang a précisément alors la démarche d'un cul-de-jatte. Ce qui complète la ressemblance, c'est la forme du tronc, ramassé, ventru, et très court par rapport aux membres; mais l'allure de ce grand singe est toute différente dès qu'il est au milieu des arbres. Là il déploie une agilité merveilleuse; s'accrochant de ses quatre mains, et au hasard, tantôt à une branche, tantôt à une autre, il prend les poses les plus hardies et les plus surprenantes. Cet animal, si lourd à terre, semble léger comme un écureuil; il a une telle vigueur dans chacune de ses mains, que souvent il reste plus d'une heure suspendu par une seule d'entre elles, et se servant des autres pour attirer les rameaux chargés de fruits et les maintenir pendant qu'il mange. Souvent, en cheminant au milieu des forêts, les orangs arrivent à des clairières où les arbres leur font défaut; tant que la distance qui les sépare des arbres les plus voisins n'est pas trop grande, ils se dispensent de descendre à terre, où ils sont si embarrassés pour se mouvoir. S'accrochant à une forte branche par une des mains antérieures, ils balancent la lourde masse de leur corps pour lui donner de l'élan ; puis, lâchant tout à coup leur point d'appui, ils se laissent emporter par leur propre vitesse à travers l'espace découvert, et se raccrochent par

L'orang-outang (jeune individu).

leurs mains aux premières branches qui se présentent. Tout cela se fait si vite, que plusieurs fois des hommes qui en poursuivaient à travers les halliers les ont ainsi subitement perdus de vue. Mais lorsque, après les avoir inutilement chassés à travers bois, on parvient à les pousser

en plaine, ils sont alors moins difficiles à forcer. On réussit
à les approcher assez pour les abattre. Leur force prodigieuse ne permet pas de les saisir vivants, si ce n'est
lorsqu'ils sont encore fort jeunes. Paul Gervais a vu un de
ces jeunes orangs au muséum de Paris, en 1838, et voici
ce qu'il a écrit à son sujet :

« Le jeune orang qu'on a vu récemment à Paris, où il
a vécu six mois, avait été rapporté de Sumatra par un bâ-
timent de commerce de Nantes. Il était remarquable par
sa douceur, par son amabilité, et un mélange de manières
à la fois gauches et intelligentes, selon que les actes qu'on
voulait lui voir accomplir étaient plus ou moins en rapport
avec la structure de son organisation. Il aimait beaucoup
à jouer, surtout avec les enfants; il vivait, en quelque
sorte, familier chez son gardien, suivant le régime du petit
ménage qui l'avait accueilli, et subissait tour à tour les
réprimandes ou les caresses de son tuteur, suivant la manière dont il avait su se conduire. Jouait-il avec brusque-
rie, avait-il été gourmand, essayait-il de briser les vitres
de son logement, ou de mordiller, comme le fait un jeune
chien, les personnes qui le visitaient, une correction sévère
lui était administrée, et il la recevait, sinon de bonne grâce,
du moins avec résignation, cachant sa figure dans ses mains
dès qu'on le menaçait, et, quoiqu'il fût peu douillet, ver-
sant parfois des larmes s'il avait fallu en arriver aux coups.
Il grimpait avec facilité à une corde placée dans son logement. Lorsqu'il s'asseyait, il croisait les jambes comme le
font les Turcs et les tailleurs, et, dans cette attitude, sa
physionomie ne rappelait pas peu celle des petites figurines
indiennes connues sous le nom de magots de la Chine.
Lorsqu'il mangeait, il le faisait assez proprement, et, suivant la nature des aliments, il se servait de la cuiller ou
de la fourchette. »

Comme tous les jeunes orangs, chimpanzés ou gorilles
qu'on a momentanément possédés dans nos ménageries
d'Europe, en France, en Angleterre, en Hollande, celui-ci

a rapidement succombé à une affection de poitrine dès qu'il a eu ressenti les rigueurs de nos hivers, et malgré toutes les précautions prises pour l'en garantir.

On sait peu de chose sur les orangs à l'âge adulte. Tout semble indiquer que ces animaux si doux, si intelligents dans leur jeunesse, deviennent plus tard des bêtes farouches, d'une brutalité extrême et d'une véritable férocité. On sait que leur taille est à peu près égale à celle du gorille. Leur poil, rude et peu fourni, est, sur le corps, d'un roux uniforme, ce qui les distingue des chimpanzés et des gorilles, dont le pelage est noir. La tête est recouverte de poils noirâtres, plus longs, formant une sorte de chevelure, dirigée en avant, de façon à encadrer la face. Celle-ci est nue, d'une couleur foncée. Une sorte de barbe, d'un roux sombre, couvre les joues et le dessous du menton. Une arcade sourcilière très forte cache le front à peu près complètement. Le nez est aplati comme chez les précédents. Le museau est extrêmement gros et saillant. La bouche, très largement fendue, est bordée de lèvres assez épaisses. Ce qu'on sait des mœurs des orangs est analogue à celles des gorilles, notamment en ce qui concerne les plates-formes où ils vont dormir sur les arbres, à sept à huit mètres au-dessus du sol.

On a souvent pensé qu'il existait des orangs dans les contrées boisées des côtes orientales de l'Hindoustan; cela n'est nullement certain; mais on y trouve, ainsi que dans les îles de l'archipel indien et dans la presqu'île de Malacca, plusieurs espèces de singes, dépourvus de queue comme les orangs, avec la face et le dedans des quatre mains dénudés de poils, des bras extrêmement longs, la bouche dépourvue d'abajoues, comme chez les grands singes précédemment cités. Ils forment le genre *gibbon;* ils se distinguent par la callosité nue et cornée que porte chaque fesse. Leur genre de vie et celui des chimpanzés, des gorilles et des orangs; mais beaucoup plus petits de taille, et par conséquent beaucoup moins vigoureux, ils vivent au voisinage des cultures, sans aucun danger pour les Malais qui les exploitent. Ce sont d'ailleurs des animaux moins agiles et plus lents que la plupart des vrais singes.

§ 6. — LES SINGES DE L'ANCIEN CONTINENT, A QUEUE ET A ABAJOUES

L'Afrique, d'une part, et l'Asie, de l'autre, sont habitées par plusieurs espèces de singes pourvus d'une longue ou courte queue, dont les joues portent intérieurement des abajoues, et dont les fesses sont protégées par des callosités. Ce sont des singes à formes sveltes et allongées, à mouvements agiles et souvent gracieux, qui, sans cesse grimpant, sautillant et courant au milieu des branches d'arbres, animent les forêts des régions chaudes de ces contrées, et semblent en être les véritables possesseurs.

Les espèces africaines répandues principalement dans la Guinée, le Gabon, le Sénégal, la haute Égypte, et, en général, dans les parties boisées de l'Afrique équatoriale, se rapportent au genre des *guenons,* nommées par les naturalistes *cercopithèques,* c'est-à-dire *singes à queue.* Pétulants, toujours en mouvement, grimaciers et malins, ils sont aussi doux dans leur jeune âge que querelleurs, impatients et intraitables dans l'âge adulte. Leur gueule est armée de crocs longs et tranchants (dents canines), qui rendent leur morsure redoutable. Ils se nourrissent de fruits, de légumes, de feuilles, et parfois même d'insectes. Ils recherchent volontiers le voisinage des cultures, pour y exercer à l'aise leurs maraudages. Les cultivateurs qui subissent leurs déprédations affirment que leurs expéditions sont concertées avec prudence et avec adresse; ils prétendent que la bande dévastatrice se fait garder par un certain nombre d'individus, placés à tour de rôle en sentinelles, pendant que les autres mangent à belles dents et ont soin de remplir en outre leurs larges abajoues. Pour opérer plus rapidement, et mettre plus tôt en mains sûres les fruits de leurs dilapidations, ils se passent de main en main, du premier au dernier, ce qu'ils récoltent, jusqu'à ce que chacun ait son butin complet. L'espèce la plus commune est la *guenon mone*, que l'on trouve au Maroc, en Algérie, en Tunisie, en Arabie, en Syrie, en Perse et dans l'Asie Mineure. Elle a la hauteur d'un chien de taille moyenne. On la nomme souvent *singe varié* à cause de son pelage, qui est brun sur le corps, noir sur les membres, blanc sous le ventre et à l'intérieur des cuisses, gris foncé sur la queue. La tête est plus coquettement peinte encore : la face, qui est brune, est entourée d'une sorte de barbe blanchâtre, qui lui a valu aussi le nom de *le vieillard ;* sur la tête et le cou, le jaune et le noir sont mélangés : un bandeau de poils noirs obscurcit le front. On appelle *singe vert* une autre espèce, la *guenon callitriche*, très commune dans nos ménageries, et dont le pelage est vert olivâtre sur le dos, blanchâtre au ventre, avec la face noire, encadrée de longs poils blancs, et le bout de la queue jaune orangé. Cette espèce vit dans les forêts qui avoisinent le cap Vert au Sénégal, et dans les pays environnants.

Les espèces asiatiques de singes, pourvus d'abajoues et ornés d'une longue queue, se rattachent au genre des *semnopithèques*. Ce nom signifie exactement *singes vénérables ;* il rappelle deux faits : d'une part, les allures graves et dignes que semblent affecter, dans leur agilité, ces singes à formes grêles et élancées, à queue très longue, gracieusement relevée au-dessus du dos; d'une autre part, la vénération superstitieuse dont se plaisent à les entourer les populations de l'Inde, de l'Indo-Chine et de la Malaisie. Moins pétulants que les guenons, mais légers, gracieux, avec une sorte de dignité, ils vivent au milieu des arbres, se nourrissent exclusivement de fruits et de parties tendres des végétaux. Le Bengale possède en abondance, dans ses forêts, le *semnopithèque entelle*, appelé *houlman* par les Indiens. C'est un singe qui, posé à quatre mains sur le sol, s'élève à près de quarante centimètres au niveau de la croupe, et dont le corps a environ cinquante centimètres du bout du nez à la base de la queue; mais celle-ci est longue de soixante-dix centimètres. Le pelage est d'une nuance générale gris jaunâtre; mais la face et les mains sont noires, ainsi que les poils allongés et dirigés en avant, qui couronnent le haut du visage et entourent les joues et le menton. Les Indiens expliquent par une singulière légende cette bizarrerie de coloration. Le *houlman*, disent-ils, descend d'un héros fameux par sa force, son esprit et son agilité; il a doté l'Inde du fruit pulpeux et aromatisé que l'on appelle la *mangue*. Pour réaliser cette précieuse conquête, il dut voler des mangues dans les jardins d'un géant redouté, établi dans l'île de Ceylan. En punition de ce vol, le héros fut condamné à être brûlé; il éteignit le feu qui devait le dévorer, mais non sans se brûler le visage et les mains. Voilà pourquoi ses descendants ont encore la face et les mains noires.

L'entelle est une sorte d'animal divin pour les Hindous du Bengale. Le voyageur français Duvaucel eut beaucoup de peine à s'en procurer quelques individus, quoiqu'il en vît tous les jours un grand nombre; mais les Bengalis mettaient tous leurs soins à empêcher qu'il ne pût leur tirer un seul coup de fusil. «Aussitôt qu'ils voyaient mon fusil, raconte Duvaucel, ils chassaient ce singe, qui est un des plus singuliers, et pendant plus d'un mois qu'ont séjourné à Chandernagor sept ou huit entelles, qui venaient presque dans les maisons chercher les offrandes des fils de Brahma (grande divinité de l'Hindoustan), mon jardin s'est trouvé entouré d'une garde de pieux brahmes (prêtres de Brahma), qui jouaient du tam-tam (bruyant instrument de bronze) pour écarter le dieu (c'est-à-dire l'entelle) quand il venait manger mes fruits. »

Le royaume d'Annam et la Cochinchine possèdent une

autre espèce, le *semnopithèque douc*, à peu près de la même taille, et non moins diversement nuancé dans son pelage. Les Cochinchinois l'entourent des mêmes soins respectueux.

Deux autres groupes de singes pourvus d'abajoues et de

Le magot.

callosités aux fesses, mais à queue courte, ont également leurs espèces réparties entre l'Asie et l'Afrique ; ce sont les *macaques* et les *cynocéphales*.

Les macaques sont presque tous de l'Inde et de l'archipel indien ; mais une espèce importante, le **magot**, habite les forêts des montagnes du Maroc, de l'Algérie. C'est un singe un peu moins grand que le mone, l'entelle et le douc. Sa queue est tellement courte, qu'elle est réduite à un simple tubercule saillant légèrement au-dessus de l'anus. Sa face est assez allongée, surtout dans l'âge adulte; elle est entièrement nue, avec des oreilles couleur de chair, livides. Le dessus de la tête, les joues, le cou et les épaules sont d'un jaune doré, quelque peu mêlé de noir. La même teinte colore le dos et la partie extérieure des membres; tandis que le ventre et le dedans des membres sont d'un gris jaunâtre. Les mains sont noirâtres et presque entièrement velues. Les poils des joues retombent sur le cou en forme de favoris.

Habitant des contrées peu éloignées de l'Europe, le magot est un des singes qu'on y transporte le plus souvent. La douceur de son caractère et la facilité avec laquelle on l'apprivoise dans son jeune âge le font préférer à beaucoup d'autres espèces. Docile, soumis, autant que vif et intelligent, il se plie facilement dans cet âge à la servitude. Il retient aisément les tours que les jongleurs lui apprennent; mais son caractère étourdi et capricieux lui attire dès lors de fréquentes corrections. Lorsqu'il est plus âgé, ses instincts changent, son humeur s'aigrit. Il devient moins traitable, et il manifeste des penchants de plus en plus sauvages. Il faut alors le priver de toute liberté, si l'on ne veut s'exposer à le voir chaque jour attaquer avec violence les personnes qui se présentent à lui, déchirer leurs vêtements, et les mordre au visage avec fureur.

Le macaque proprement dit est une autre espèce, qui habite les montagnes et les hauteurs rocheuses de l'Inde, des îles de la Sonde et des îles Moluques. Il a la taille d'un petit chien. Son pelage est ras et verdâtre, tiqueté de noir, jaunâtre pâle sous le ventre.

Les *cynocéphales*, ou *singes à museau de chien*, forment un genre d'espèces africaines d'un aspect assez particulier, d'une vigueur redoutable, et d'une férocité dangereuse. Leur corps, trapu et fortement constitué, est porté sur quatre membres robustes, à l'aide desquels ils marchent à peu près aussi lestement à terre qu'ils grimpent et sautent prestement dans les arbres. Les épaules, fortement accusées, portent sur une encolure massive une tête volumineuse, allongée en un museau épais, tronquée à l'extrémité, avec des narines dont l'ouverture rappelle celle des chiens. La queue est peu prolongée, souvent tout à fait courte et retroussée. Le pelage, généralement touffu, est très épais sur le milieu du dos et sur la tête; il y forme une sorte de perruque serrée et dressée au-dessus de la face. Celle-ci est à peu près nue; elle est colorée de nuances vives, souvent rouges ou bleues, parfois d'un rouge pâle et livide, chez d'autres d'un noir sombre. Les abajoues sont très développées. Les fesses sont pourvues de larges callosités, parfois colorées aussi de nuances brillantes. Leur gueule est armée de quatre crocs longs, épais et pointus. Leur voix discordante est tantôt un aboiement rauque, tantôt un grognement sourd et profond.

La nourriture des cynocéphales ne consiste qu'en fruits et en graines. Ce régime purement végétal explique mal leurs mœurs violentes et leur férocité indomptable. Ils vivent par troupes dans des cantons que chaque bande affectionne, et dont ils chassent impitoyablement tout intrus. Ce ne sont pas des animaux timides; beaucoup d'espèces ne redoutent pas de se mesurer avec les hommes. Ils se battent de loin à coups de pierres et de branches d'arbres converties en grossiers bâtons; de près, à la force des bras, avec l'aide de morsures cruelles et de bonds furieux. Leurs dévastations font le désespoir des habitants dans les pays où ils vivent. Ils pillent et saccagent la nuit les jardins et les vergers. La troupe qui va au maraudage se divise en trois bandes. L'une pénètre dans l'enclos pour enlever le butin. La deuxième y pénètre également; mais c'est seulement pour faire le guet. La troisième reste en dehors le long des clôtures, reçoit les fruits que lui jettent les pillards de la première bande et fait la chaîne jusqu'au ieu de dépôt pour mettre promptement en sûreté les pro-

duits de leurs rapines. Au premier cri d'une des sentinelles,
toute la troupe disparaît en un clin d'œil.

L'Égypte et la Nubie possèdent au moins deux espèces
de cynocéphales, le *babouin* et le *tartarin* ou *cynocéphale
hamadryas*, nommé aussi *papion à perruque* à cause de la
belle et longue crinière que lui forment les poils des deux
côtés de la tête et du cou. Ce sont deux singes de forte
taille et d'une extrême brutalité. Néanmoins les anciens
Égyptiens leur avaient voué un culte religieux. On a retrouvé dans leurs monuments funéraires des momies de
tartarin et de babouin. Leurs figures, très reconnaissables,
se voient au milieu des hiéroglyphes, sur les murailles de
leurs constructions gigantesques. Le babouin était à leurs
yeux une représentation symbolique du dieu qu'ils nommaient Tot, et que les Grecs ont plus tard comparé à Mer-
cure ou Hermès.

§ 7. — LES SINGES D'AMÉRIQUE

J'ai déjà dit qu'aucune espèce de singe de l'ancien continent n'a été retrouvé en Amérique. Ajoutons même qu'aucun des genres de singes de l'Asie ou de l'Afrique ne contient une seule espèce américaine.

Les singes d'Amérique, généralement de moindre taille,
n'ont ni callosités aux fesses ni abajoues. Ils ont presque
tous une sixième molaire au fond de la bouche, de chaque
côté et à chaque mâchoire ; ce qui leur fait trente-six dents
au lieu de trente-deux. Leurs narines, séparées par une
épaisse cloison, sont largement ouvertes. Enfin toutes les
espèces américaines ont une longue queue. Chez la plupart
d'entre elles la queue est velue et ne peut s'enrouler autour
des branches pour les saisir. C'est ce que l'on voit chez les
callitriches et chez les *sakis* ou *singes à queue de renard*.
D'autres, ce sont les *sajous* ou *sapajous*, ont aussi la queue

velue dans toutes ses parties; néanmoins l'extrémité peut
s'enrouler autour des branches ou des bâtons. Ils ont, en
un mot, la queue velue et prenante. D'autres enfin ont
l'extrémité de la queue plus particulièrement disposée pour
saisir. Ce sont les *alouates*, les *atèles* et les *lagotriches*. L'ex-

Le sajou brun ou sajou commun.

trémité de leur queue est organisée pour s'enrouler sur
elle-même, et en dedans de l'enroulement, c'est-à-dire à
la face inférieure de cette partie de la queue, la peau est
nue comme le dessous d'un doigt de chimpanzé ou de gibbon. Ainsi conformée, la queue prenante est en quelque
sorte une cinquième main, à l'aide de laquelle l'animal
peut, sans mouvoir son corps, saisir au loin les objets

qu'il veut atteindre, ou se suspendre, les mains libres, aux branches des arbres.

Les Brésiliens ont parfois dans leurs demeures certaines espèces d'*atèles*. Ce sont des animaux singulièrement grêles de corps et de membres. Sur les arbres, leur agilité est très grande ; mais à terre ils se trainent d'une façon assez embarrassée. Allongeant alternativement leurs longues jambes et leurs longs bras, enroulant leur queue comme un serpent autour des objets qu'ils peuvent atteindre, ils rappellent un peu les allures des araignées ; aussi les a-t-on souvent appelés *singes-araignées*. Ils se montrent doux, affectueux et caressants ; mais ils sont extrêmement frileux.

L'espèce de singe américain la plus connue à la Guyane, au Brésil et même en Europe, où on l'apporte souvent, est le *sajou brun* ou *sapajou*. Il a la taille d'un petit chien, la queue plus longue que le corps, les formes élégantes, les mouvements vifs et gracieux. Le dos et le dessus des membres sont d'un brun roussâtre ; le ventre et l'intérieur des cuisses sont blanchâtres. Suivant les contrées, le pelage présente de nombreuses variétés. Ce sont de gentils petits animaux, de mœurs douces et d'une intelligence assez grande. Ils se laissent dresser à des exercices variés, et y montrent beaucoup d'adresse. Ce sont eux que l'on a vus si fréquemment autrefois à Paris accompagner les musiciens ambulants, et faire pour eux la quête après chaque morceau exécuté. A la Guyane, le sajou brun est connu sous le nom local de *mirou*.

Les mêmes contrées nourrissent dans leurs vastes forêts une espèce plus petite que le sapajou et d'un autre genre ; c'est le *callitriche saïmiri* ou *singe-écureuil*, que les indigènes des bords de l'Orénoque appellent communément *titi*. Le nom de saïmiri est celui qu'emploient les indigènes de la Guyane. C'est un petit singe plein de grâce, de douceur et d'intelligence. Son pelage est d'un gris olivâtre ; la face est nue et de couleur blanche, avec le nez et le tour de la

bouche noirs. Les membres sont d'un gris roussâtre. La
queue est velue en toutes ses parties et un peu comprimée;
elle sert encore à l'animal pour s'appuyer en grimpant;
mais elle n'est nullement prenante.

§ 8. — LES QUADRUMANES DE MADAGASCAR

La grande île de Madagascar longe, du nord au sud, sur
une longueur de plus de dix-sept mille kilomètres, la côte
orientale d'Afrique, jusque sous le tropique du Capricorne.
Le canal de Mozambique, qui la sépare de cette côte, ne
mesure que quatre cents kilomètres en son point le plus
resserré. Malgré cette proximité, l'île de Madagascar, en
ce qui concerne sa production animale et végétale, et même
sa population, n'est vraiment pas une terre africaine. Les
Hovas et les Madécasses sont bien distincts des nègres de
la côte de Mozambique et de la Cafrerie. De même, tandis
que le continent d'Afrique abonde en espèces de singes,
Madagascar n'en possède pas une seule. Mais elle nourrit
plusieurs espèces de quadrumanes de ce groupe spécial
des *makis*, que j'ai nommés ci-dessus.

Les *makis* ou *lémuriens* ne sont plus des singes; leur
dentition, conformée plutôt pour broyer des insectes que
pour manger des fruits, les en distingue sans peine. Leur
museau pointu, qui les a fait comparer aux renards, n'a
plus aucun rapport, même éloigné, avec la face humaine.
Leurs oreilles, déjà enroulées en cornet, mais petites et
peu saillantes, rappellent plutôt celles des chats que celles
de l'homme. Ils saisissent les branches à la manière des
singes, avec les mains de leurs quatre extrémités. Leur vie
se passe dans les arbres, où ils grimpent et se meuvent
avec agilité. A terre, ils se tiennent à quatre pattes; mais,
comme leurs jambes sont longues par rapport à leurs bras,
la croupe est toujours plus haute que les épaules et la tête,

et, au lieu de marcher, ils progressent en sautillant. Leur queue, longue chez beaucoup d'espèces, n'est jamais prenante. Ils habitent les lieux boisés les plus retirés, et s'agitent surtout la nuit, tandis qu'ils reposent endormis pendant la journée. Jusqu'ici aucune espèce de maki habitant l'île de Madagascar ne s'est rencontrée en d'autres

L'indri (de Madagascar).

pays; mais il existe d'autres espèces de quadrumanes très analogues dans certaines parties de l'Afrique équatoriale, dans l'Hindoustan, l'île de Ceylan, Java et Sumatra.

L'espèce de maki que l'on rencontre très souvent dans les ménageries d'Europe est le *mococo*. Relativement aux autres espèces, il est de grande taille; cependant, du bout du nez à la base de la queue, son corps n'a pas plus de trente centimètres, mais sa queue est plus longue. Couverte de poils longs, touffus et légers, elle forme un gros rouleau souple et floconneux, annelé de blanc et de noir. Le corps est d'un gris cendré; les joues et la gorge sont blanches.

Il existe à Madagascar une espèce de maki à queue très courte, à laquelle on donne le nom d'*indri*. C'est un animal de la taille d'un chien ordinaire. La longueur de ses jambes le dispose plutôt à sauter qu'à marcher lorsqu'il est à terre. Les Madécasses de la partie sud de l'île recherchent, assure-t-on, les indris à cause de leur docilité; on affirme qu'ils en élèvent et les dressent à la chasse.

§ 9. — LES GALÉOPITHÈQUES

Ce nom bizarre est emprunté à la langue grecque; il peut se traduire par celui de *chats-singes*. Il s'applique à de petits animaux de l'Hindoustan, de la Chine méridionale, des îles de l'archipel indien, qui rigoureusement ne sont plus *quadrumanes*. Leurs doigts, raccourcis et peu flexibles, sont pourvus d'ongles forts et recourbés avec lesquels ils s'accrochent aux branches et y grimpent très lestement. Mais ils ne peuvent pas saisir les objets avec quatre doigts d'un côté et le pouce du côté opposé. En un mot, les *galéopithèques* n'ont pas le pouce opposable aux autres doigts. La figure ci-après montre l'animal en dessous et suspendu à des branches par ses quatre extrémités. Dans cette position, on aperçoit bien la conformation singulière qui recommande à l'attention ces animaux bizarres. Un repli de la peau naît des côtés du cou et se porte vers les poignets; de là il se continue, sur chaque flanc, du membre antérieur au membre postérieur. Il s'étend encore entre les deux membres postérieurs, en comprenant toute la queue. C'est une sorte de parachute naturel, auquel l'animal peut se confier pour sauter, à travers les airs, d'un arbre à un autre. Les galéopithèques vivent d'insectes, qu'ils poursuivent sur les arbres, et sans doute aussi dans leur vol, en s'élançant dans l'atmosphère, où leur repli membra-

Le galéopithèque volant (de Java).

neux les soutient quelques instants. Ces animaux, habitants des arbres et disposés pour quelques essais du vol, sont en quelque sorte des intermédiaires entre les singes et les chauves-souris. C'est comme une ébauche des mammifères volants et insectivores qui forment l'ordre suivant.

CHAPITRE II

LES MAMMIFÈRES INSECTIVORES

———

§ 1. — LES CHEIROPTÈRES OU MAMMIFÈRES AILÉS

Lorsque, durant l'été, le premier déclin du jour annonce une soirée calme et sereine; lorsque, dans l'air immobile, tourbillonnent mollement mille essaims d'insectes ailés, qui n'a vu les chauves-souris sillonner l'air en tournoyant? Qui les a, au premier abord, su distinguer des oiseaux véritables? Mais si l'une d'elles, enhardie par l'ombre toujours croissante, a rasé votre visage; ou si, attirée par une fenêtre sombre ouverte à tout venant, elle s'est introduite dans votre chambre et s'est fait voir de plus près, qui n'a frémi légèrement en reconnaissant, au lieu d'un plumage soyeux, un corps velu et des ailes de peau à peu près complètement chauves? Tels sont, en effet, ces singuliers oiseaux du crépuscule. Acharnées à poursuivre les insectes qui, comme elles, voltigent à la tombée de la nuit, les chauves-souris ne s'inquiètent guère de l'effet peu attrayant que produit sur les hommes leur singulière structure. Mais il n'en est pas moins vrai que, sans avoir jamais fait à personne aucun mal, elles inspirent le dégoût et la crainte. Ce qui ajoute encore à l'espèce d'horreur qui les entoure, ce sont leurs gîtes habituels. Les paysans qui ont pénétré dans des grottes non habitées, dans des souterrains abandonnés, dans de vieilles ruines solitaires, ont aperçu de petits spectres d'un gris sale, suspendus, la tête en bas, au plafond ou aux voûtes ruinées. Au moindre bruit qu'ils ont fait, tous ces fantômes se sont animés et transformés en chauves-souris, voletant effarées autour des visiteurs importuns, et fouettant leur visage de ces mêmes ailes de peau dénudée, au bord desquelles semblent saillir des griffes. Ces mœurs nocturnes, cette retraite dans les recoins poudreux et obscurs des vieilles ruines et des grottes inhabitées, cette conformation trompeuse d'oiseau velu avec des ailes membraneuses, ont paru dénoter une sorte d'animal fantastique, une espèce d'oiseau infernal. De là les préjugés les plus injustes, les haines les moins fondées contre ces innocents animaux.

La chauve-souris, quelle que soit l'espèce que l'on considère, n'est ni un oiseau du diable ni un monstre ailé. C'est un petit mammifère insectivore, vivant surtout d'insectes crépusculaires qu'il lui faut chasser au vol, et devenu volatile et crépusculaire comme sa proie favorite. Le jour, aucune chasse analogue ne l'appelle au dehors; elle va dormir là où elle a le plus de chances de ne pas être dérangée. Comme sa conformation naturelle lui rend la marche à terre peu facile, elle tient à ne pas s'y poser et à dormir en l'air. De plus, afin de pouvoir s'envoler à la moindre alerte, elle se perche de façon à n'avoir d'autre mouvement à faire que d'étendre les ailes; c'est-à-dire qu'elle s'accroche par les ongles des pieds et pend dans l'air la tête en bas. D'ailleurs, ce pauvre animal, si mal famé, nous rend de grands services en détruisant des insectes qui ne peuvent que nous nuire; et voilà comment on

juge les gens sur l'apparence lorsqu'on ne prend pas soin
de regarder et de comprendre.

Comment peut être construite une aile sans plumes?
tout autrement qu'une aile emplumée. On le verra sans
peine en comparant l'aile d'un véritable oiseau à celle
d'une chauve-souris. Il y a cependant un premier trait de
ressemblance. Ni chez l'oiseau ni chez la chauve-souris,
les ailes ne sont des organes ajoutés au corps de l'animal.
Il n'y a toujours que deux paires de membres. C'est la
paire des membres antérieurs, celle qui tient à la poitrine,
qui, cessant d'être propre à la marche, se change en une
paire d'ailes.

Mais chez l'oiseau ce changement consiste en une main
raccourcie en moignon, bordée d'une rangée de longues
plumes qui forment une sorte de rame aérienne. Chez la
chauve-souris, au contraire, la main au lieu d'être raccourcie est démesurément allongée. Ce qui remplace le ri-
deau de longues plumes, c'est un repli de la peau soutenu
par les quatre doigts de la main, allongés en baguettes.
Pour tout indiquer par une comparaison, imaginez un pa-
rapluie dont les baleines sont cachées entre l'étoffe du dessus et une étoffe de doublure. Le pouce seul est resté court.
Armé d'un ongle fort et courbé, il sert à l'animal pour
s'accrocher lorsqu'il chemine sans voler.

Quant aux membres postérieurs, ils sont courts et terminés par des doigts courts aussi, mais pourvus d'ongles
crochus. C'est au moyen de ces ongles que les chauves-
souris s'accrochent pour reposer. Or le repos est long dans
la vie de ces animaux. L'été, il a lieu seulement pendant
le jour; mais l'hiver, plus d'insectes voltigeant le soir.
N'ayant plus rien à manger, les chauves-souris, pendant
la mauvaise saison, dorment sans interruption jusqu'au
printemps, qui ramène les premiers insectes. C'est ce
qu'on nomme le *sommeil hibernal*. Ce n'est pas un fait particulier aux chauves-souris; beaucoup d'autres animaux
hivernent ainsi pendant la saison où la nourriture leur fe-

rait défaut. On ne peut s'empêcher de songer au proverbe populaire : *qui dort, dîne.*

En résumé, le trait distinctif de la conformation des chauves-souris, c'est que leurs mains sont transformées en ailes. Voilà l'explication du nom donné à l'ordre de mammifères dont elles forment les types. On a adopté celui de *cheiroptère*, formé de deux mots grecs qui signifient *main* et *aile*.

Le repli de la peau qui s'étend entre les doigts allongés en baguettes, se continue d'ailleurs aux flancs, du membre antérieur au postérieur, et même entre les deux membres postérieurs. C'est la disposition des galéopithèques, complétée par la transformation des mains en ailes.

D'ailleurs, les cheiroptères sont de vrais mammifères. La poitrine des femelles porte deux mamelles pour allaiter leurs petits. La tête ressemble beaucoup, en miniature, à une tête de chien ou de renard. La dentition, comme celle de ces animaux, se compose d'incisives, en nombre variable, sur le devant de la bouche ; de quatre canines en crocs ; puis de molaires, disposées le plus souvent pour briser le corps résistant des insectes ; chez quelques espèces elles sont simplement conformées pour manger des fruits.

Les chauves-souris sont nombreuses en France. Toutes les espèces qu'on y rencontre vivent d'insectes. Elles sont au nombre de seize environ, dont huit se voient communément. Ces huit espèces se rapportent aux trois genres : *chauves-souris* ou *vespertilions, oreillards,* et *rhinolophes* ou *fers-à-cheval.*

Le nom de *vespertilions* veut dire *animaux du soir.* La *chauve-souris commune* ou *vespertilion murin* (longueur, neuf centimètres et demi) a un pelage roux cendré sur le dos, avec le ventre jaunâtre. Ses ailes étendues ont une envergure de quarante centimètres. Les oreilles sont dressées et oblongues ; en avant est un oreillon membraneux en forme d'alène. Le *vespertilion sérotine,* un peu plus petit que le précédent, est l'espèce la plus commune aux environs de

Paris (longueur, sept centimètres; envergure, trente centimètres et demi). Il a le pelage long et soyeux, brun foncé avec des reflets roux. Le *vespertilion noctule* (longueur, sept centimètres un tiers; envergure, près de trente-huit centimètres), d'un roux fauve, un peu plus clair sous le ventre, vit surtout dans les creux des vieux arbres; tandis que les deux espèces précédentes habitent les constructions abandonnées ou les combles de monuments que l'on ne visite pas souvent. La plus petite chauve-souris de France est le *vespertilion pipistrelle* (longueur, quatre centimètres un quart; envergure, vingt et un centimètres et demi), brun avec les ailes noirâtres, et les oreilles dressées et triangulaires.

Les *oreillards* doivent leur nom au développement énorme de la partie membraneuse des cornets des oreilles. L'*oreillard d'Europe* ou *oreillard commun* (longueur, cinq centimètres; envergure, trente centimètres) porte des oreilles longues de quatre centimètres et demi. C'est l'espèce de cheiroptères la plus commune en France. Elle a le poil brun grisâtre en dessus, brun cendré en dessous. L'*oreillard barbastelle* a les oreilles moins grandes que le précédent, mais aussi larges que longues. Les barbastelles vivent en société dans les édifices des environs de Paris. Les oreillards d'Europe vivent isolés, à peu près dans toutes les contrées de l'Europe.

Les *rhinolophes* (nez à crête) ou *fers-à-cheval* doivent leur nom aux feuillets membraneux qui entourent et surmontent les ouvertures de leurs narines. Ces replis complètent le système de membranes propres à soutenir la tête pendant le vol, dont le développement des oreilles forme la partie principale. On trouve en France deux espèces de rhinolophes, dont les crêtes nasales rappellent réellement le dessin d'un fer à cheval. Le *grand fer-à-cheval* a sept centimètres de longueur; il est commun aux environs de Paris. Le *petit fer-à-cheval* n'en a guère plus de cinq: il est moins commun que le premier. Ils s'abritent l'un et l'autre dans de vieux bâtiments abandonnés, dans des carrières ou dans des cavernes.

Les usages des anciens Égyptiens pour les sépultures des rois et des grands personnages ont exigé la construction de vastes et nombreux caveaux souterrains, qui paraissent avoir singulièrement favorisé le développement des cheiroptères. Les naturalistes qui accompagnaient l'armée française d'Égypte, en 1798 et 1799, ont trouvé dans ces antiques monuments funéraires des milliers de chauves-souris d'espèces inconnues jusque-là, et se rapportant à plusieurs genres nouveaux.

Les espèces de chauves-souris à feuillets membraneux sur le nez sont assez nombreuses en Amérique, surtout dans l'Amérique méridionale. Le *fer-de-lance*, de la Guyane, atteint jusqu'à dix-huit centimètres de longueur ; les autres espèces sont généralement plus petites. La plupart ont la bouche et la langue conformées pour sucer le sang des animaux par la morsure que font leurs crocs. Elles s'attaquent habituellement à la nuque, aux côtés du cou ou au dos. C'est pendant le sommeil de leurs victimes qu'elles opèrent. Cependant d'autres espèces, parmi lesquelles le fer-de-lance, sont organisées pour vivre de fruits, et n'ont rien de ces mœurs sanguinaires. On les a réunies dans le genre *phyllostome* (bouche à feuillets), tandis que les espèces suceuses de sang, connues sous le nom vulgaire de *vampires*, sont en réalité de deux genres, les *vampires* et les *glossophages* (se nourrissant à l'aide de la langue). Telle est leur avidité pour le sang, que, dans certaines contrées de la Guyane et du Brésil, les habitants sont obligés, pour s'en garantir, de se protéger la nuit à l'aide d'un voile léger appelé moustiquaire. Ils sont contraints aussi de renfermer soigneusement les poules, les lapins et autres animaux domestiques. La taille des vampires n'excède guère celle des pies et des corbeaux de nos contrées.

De plus grands cheiroptères, vivant exclusivement de fruits et de parties tendres des végétaux, existent en Asie

et en Afrique. Ce sont les *roussettes*, dont les espèces, assez
variées, habitent les îles de la Sonde, les Moluques, Cé-
lèbes, Bornéo, les Philippines, les Mariannes, même l'Australie, l'île de la Réunion, Madagascar et quelques parties
de l'Afrique orientale. Les plus grandes ne dépassent pas
trente centimètres de longueur; il en est dont l'envergure
atteint un mètre soixante centimètres. Aucune roussette ne
se nourrit d'autres animaux; aucune ne suce le sang. Leur
bouche, leur langue, leurs dents sont faites pour un régime frugivore.

§ 2. — LES INSECTIVORES NON AILÉS

Il est rare que les animaux qui se nourrissent d'insectes
atteignent une grande taille. La plupart des espèces de
l'ordre des insectivores passent leur vie à rechercher des
insectes, des vers et autres larves d'insectes dans la terre;
ils s'y creusent des gîtes ou des galeries souterraines. Ce
sont de petits mammifères dont les plus grands ne dépassent pas la taille du rat ou du surmulot, et dont les plus
petits sont moindres que les moindres mammifères des
autres ordres. Leur bouche est pourvue en avant de petites
incisives serrées entre les canines; mais ce qui les caractérise, ce sont leurs dents molaires, dont la couronne est
hérissée de saillies pointues destinées à concasser les parties dures des insectes en les mâchant.

On y peut distinguer trois groupes, dont un seul est
représenté en France par des espèces bien connues. Le
premier comprend des espèces indiennes, qui poursuivent
les insectes sur les arbres; ce sont les *cladobates* (grimpant
sur les branches). Le second groupe est composé d'espèces
africaines, conformées pour sauter; les naturalistes les
nomment *macroscélides* (grandes jambes), parce que leur
faculté de sauter tient à l'allongement remarquable de

leurs membres postérieurs. Une espèce de petite taille est commune en Algérie, où les colons lui donnent le nom vulgaire de *rat-à-trompe*, parce que son museau se prolonge en un appendice flexible constituant une petite trompe ; c'est le *macroscélide de Rozet*.

Les autres insectivores sont organisés pour fouir la terre ou pour nager ; ce sont les *hérissons*, les *musaraignes*, les *desmans* et les *taupes*.

Le *hérisson d'Europe* est une espèce extrêmement commune, surtout en France. Chacun le reconnaît sans peine aux piquants qui garnissent le dessus de la tête et le dos, et à la faculté qu'il a de se ramasser en une boule hérissée de piquants de tous côtés. Dans ce mouvement, l'animal réunit vers le milieu de son ventre ses quatre membres, son museau et sa petite queue très courte ; puis il s'enveloppe en se courbant sur lui-même dans la peau de son dos. Dès qu'un ennemi le menace, le pauvre hérisson se défend ainsi. Ce singulier animal vit dans les bois, où il se creuse sous terre de petites galeries, ou simplement un trou sous les pierres, dans les racines d'un vieil arbre. Le hérisson s'y tient la journée ; le soir, il en sort pour chercher des insectes, des limaçons, des limaces et même des fruits tombés. Rien n'est plus injuste que le préjugé par suite duquel les cultivateurs ont l'habitude de tuer ceux qu'ils trouvent ; ce sont des animaux utiles, et nullement malfaisants. L'hiver, ils s'engourdissent dès les premiers froids, et dorment jusqu'au printemps.

Les *musaraignes*, vulgairement appelées *musettes*, sont de petits insectivores que l'on confond généralement, bien à tort, avec les campagnols ou rats des champs. Leur corps est allongé, leur queue grêle, leur tête ramassée dans les épaules, avec un museau pointu et mobile comme un petit boutoir. On trouve surtout en France la *musette*, longue de cinq à six centimètres, sans la queue, qui en a quatre. Elle est d'un gris noirâtre en dessus, et cendré en dessous. Sa petite tête est coiffée d'oreilles grandes, nues, et couleur de chair. Elle répand une odeur de musc. Elle habite les bois et les jardins, abritée dans des trous en terre, ou au pied des arbres ou des murs. L'hiver, elle reste cachée sous des meules, des tas de fumier ou de feuilles, parfois même dans des écuries ou des étables. Un préjugé sans aucun fondement l'accuse de nuire aux chevaux et aux bestiaux; c'est inexact, et il est difficile d'imaginer comment elle pourrait le faire.

La *musaraigne de Toscane*, qui vit en Italie et dans le midi de la France, est le plus petit de tous les mammifères. Elle n'a que trois centimètres et demi de longueur, plus une queue de deux centimètres et demi.

Le *carrelet*, qui habite la France et à peu près tous les pays de l'Europe, a la taille de la musette. Il s'en distingue par la forme de sa queue, qui, au lieu d'être ronde, est carrée, et brusquement terminée en pointe fine.

Enfin on remarque encore en France la *musaraigne d'eau*, la plus grande parmi nos espèces. Elle a neuf à dix centimètres du bout du nez à la base de la queue; celle-ci est longue de cinq à six centimètres. Cette musaraigne a le dos noir et le ventre blanc. Elle vit sur les bords de nos petits cours d'eau, et poursuit à la nage les insectes et les mollusques aquatiques.

Toutes les musaraignes vivent d'insectes et de petits animaux analogues. Ce sont des animaux utiles aux cultures, où elles ne causent d'ailleurs aucun dégât. C'est donc bien à tort qu'on les tue, ainsi que cela a lieu le plus souvent, dans les campagnes et dans les jardins. Elles ont toutes le pelage fin, court et soyeux; mais sur les flancs est une rangée de poils raides et serrés, à la base desquels la peau produit un liquide d'une odeur musquée. Leurs quatre pieds ont cinq doigts armés de griffes. Comme les hérissons, elles marchent en posant sur le sol toute la plante des pieds. Les insectivores sont en général *plantigrades* (marchant sur la plante des pieds). L'Asie, l'Afrique et l'Amérique ont leurs espèces de musaraignes.

Dans les Pyrénées vit un petit mammifère insectivore, rapproché des musaraignes par sa conformation. C'est le *desman*, assez commun en France aux environs de Tarbes. Son museau est prolongé en une petite trompe ; sa queue est écailleuse et aplatie sur les côtés ; ses doigts sont réunis par une membrane dite *palmature*. Tout cela annonce des habitudes aquatiques, et le desman vit, en effet, à la manière de la musaraigne d'eau. Il exhale une forte odeur de musc. Son corps n'a pas trois centimètres ; mais sa queue est plus longue.

L'ordre des insectivores se complète par une famille de petits animaux, très singulièrement conformés pour creuser en terre de longues galeries compliquées. Ce sont les *taupes*, mineurs habiles, cheminant à travers la terre végétale pour y poursuivre les vers ou larves d'insectes, dont elles se nourrissent. Toute l'Europe possède la *taupe commune*, petit animal long d'environ douze centimètres, avec un museau pointu et une queue courte. De chaque côté de la tête se voient deux espèces de palettes charnues, bordées de cinq ongles longs, plats et tranchants, dénuées de poil, et d'un ton couleur de chair ; ce sont les extrémités des membres antérieurs. Raccourcis et trapus, ceux-ci ne peuvent servir à la marche. Ils représentent de véritables pelles, au moyen desquelles la taupe fouille le sol avec une merveilleuse facilité. Les extrémités postérieures ont conservé les formes ordinaires analogues à celles des musaraignes ; elles sont aussi nues et couleur de chair. Elles servent à faire avancer la taupe pendant qu'elle fouille. Toutes ces circonstances rendent la taupe très reconnaissable. On distingue au premier coup d'œil ces parties couleur de chair dans le pelage fin, court, brillant et franchement noir de l'animal. Le museau est pareillement dénudé vers le bout, et il se meut en manière de boutoir. L'animal se sert de sa tête pour fouiller la terre, la soulever et la rejeter en arrière à mesure qu'il fouit. En réalité, la taupe ne quitte pas ses galeries souterraines ; ce n'est que par accident qu'elle est amenée parfois à la surface du sol, et elle s'empresse, s'il est possible, d'y plonger de nouveau. Aussi chez elle les yeux n'ont-ils guère d'usage, et ils sont très imparfaitement développés ; mais l'ouïe est très fine, et l'odorat très délicat. La bouche, armée de quarante-quatre dents (six incisives en haut, huit en bas ; quatre canines ; quatorze molaires en haut, douze en bas), est conformée exclusivement pour un régime insectivore, pour briser et concasser des insectes ; elle se prête beaucoup moins à mâcher quelque chevelu de racines ou des graines germées.

Le grand intérêt de l'histoire naturelle des taupes est dans les taupinières. Chacun a vu ces petits monticules de terre meuble dont est parsemé un terrain habité par ces animaux ; ce sont les déblais rejetés de temps en temps par la taupe. Le travail que dénoncent ces tas de débris se compose de galeries dont la largeur est d'environ quatre centimètres. Chaque taupe commence son œuvre à un point central, à partir duquel elle creuse horizontalement plusieurs galeries dans des directions qui rayonnent autour de ce centre. Ces galeries s'étendent au loin et se relient entre elles par des boyaux de communication ; au centre de ce réseau la taupe établit son gîte. La profondeur à laquelle sont percées les galeries varie selon la nature du terrain et selon la saison ; elle est toujours en rapport avec la profondeur à laquelle se tiennent les insectes et les vers que l'animal recherche pour se nourrir. Ce travail ne saurait s'exécuter dans un sol rocailleux et pierreux, ni dans une terre glaise tenace, ni dans un sol inondé d'eau comme celui d'un marais. C'est la terre ameublie par la culture ou le sol sablonneux qui s'y prête le mieux. La taupe travaille surtout le matin, au lever du soleil, vers midi, et le soir au coucher du soleil. L'hiver, elle ralentit ses travaux ; mais, comme elle ne s'engourdit pas, elle continue à habiter ses galeries, qui, ne communiquant jamais avec l'air extérieur, demeurent à l'abri du froid. Elle creuse alors plus loin de la surface du sol. La taupinière se complète vers le mois de février par l'installation d'un gîte pour les petits. Le mâle et sa femelle choisissent le point le plus élevé et le plus sec pour y fouir une chambre assez spacieuse, dont la voûte est soutenue par des piliers de terre ménagés dans le travail d'affouillement. Le plancher est recouvert d'un lit de feuilles et d'herbes, que ces animaux vont chercher en se faisant jour par quelque amas de déblais. Là, en mars et en juillet, la femelle donne le jour à quatre ou cinq petits, nus, rougeauds et fort laids, qu'elle allaite et soigne avec tendresse.

Les travaux de la taupe et quelques coups de dents donnés à de menues racines lui ont attiré la haine implacable des cultivateurs. Au printemps, elle bouleverse la terre des champs, déchire et déchausse les jeunes racines, et hérisse le sol de bosselures fort incommodes pour faucher les prés. Les griefs n'ont pas manqué, et l'on a organisé contre ce petit animal une guerre acharnée. Des hommes exercés à les détruire, et connus sous le nom de taupiers, parcourent les campagnes et en purgent les champs et les prés. Leur art consiste à les enlever brusquement de leur gîte au moyen d'une bêche, et à leur tendre divers pièges dans leurs galeries. La destruction totale des taupes est nécessaire dans les terres où l'on cultive des plantes annuelles. Dans les prés et les pelouses, il faut avoir soin d'en laisser quelques-unes, pour diminuer la multitude des *vers blancs* (larves de divers insectes, tels que les hannetons), qui ne tarderaient pas à les ravager en dévorant les racines des herbes.

On connaît au Japon une autre espèce de taupe, et une troisième en Italie et dans le midi de la France ; celle-ci est entièrement privée d'yeux.

L'Afrique australe possède de fort beaux animaux, très semblables aux taupes, que leur pelage à reflets métalliques azurés, verts et dorés, a fait nommer *chrysochlores* (dorés et verts). L'Amérique septentrionale nourrit, sous le nom de *taupes étoilées* ou *condylures*, quelques espèces de la même famille, dont le museau porte à l'extrémité du boutoir une couronne d'appendices membraneux en forme d'étoile.

CHAPITRE III

LES CARNIVORES

---

§ 1. — LA CONFORMATION DES MAMMIFÈRES MANGEURS DE CHAIR

Voici l'ordre des bêtes féroces grandes et petites, l'ours, le putois, la belette, la loutre, le lion, le tigre, la panthère, le chat, l'hyène, le loup, le renard, le chacal, et, avouons-le, le chien lui-même, viennent s'y classer en un vaste groupe d'animaux sanguinaires à divers degrés, et armés pour s'emparer de leur proie par la force souvent unie à l'adresse. Leur vie est un brigandage nécessaire. Leur conformation est en harmonie avec ces appétits et ces mœurs.

La bouche des carnivores porte sur le devant, en haut comme en bas, six dents incisives resserrées entre deux canines, fortes, allongées et pointues. Ce sont quatre crocs conformés pour mordre; armes redoutables, fixées dans des mâchoires que mettent en mouvement des muscles d'une grande vigueur. Le fond de la bouche est garni de dents molaires, en nombre variable suivant les espèces. Ces molaires sont d'autant plus disposées en crêtes tranchantes que l'animal, se nourrissant plus exclusivement de chair, a moins besoin de mâcher.

Les membres sont forts et charnus. Les extrémités ont leurs doigts courts, mais armés de griffes crochues et souvent même tranchantes. La tête est élargie sur les côtés par le développement des muscles des mâchoires. Le museau est en général peu allongé, et fin vers l'extrémité. La vue et l'odorat ont un grand développement. Suivant la proie à laquelle ils s'attaquent, leur taille est plus ou moins grande; mais elle reste toujours inférieure à celle des grands mammifères herbivores, à qui les plus grands carnivores font la chasse.

Suivant leurs mœurs, les diverses espèces de carnivores ont plus ou moins besoin de posséder des allures dégagées, de sauter au besoin, de faire de longues marches. La disposition de leurs membres diffère selon ces circonstances. Les uns, qui sont les moins sanguinaires, qui admettent dans leur régime alimentaire certaines substances végétales, marchent en posant à terre toute la plante de leurs quatre pieds. Ils forment une première famille, celle des *carnivores plantigrades,* où figurent les ours et les blaireaux. Les autres, plus détachés du sol, n'y posent que le bout de leurs doigts; le poignet et le talon sont toujours élevés au-dessus de terre, de sorte que la plante des pieds n'a plus d'aspect ni de forme particulière; elle est couverte de poils comme le dessus. Ces espèces sont réunies dans une seconde famille sous le nom de *carnivores digitigrades* (marchant sur les doigts). On y trouve les putois, les martres, les loutres, les chats, les civettes, les chiens, etc.

§ 2. — LES CARNIVORES PLANTIGRADES

Le genre qui attire le plus l'attention dans cette famille est sans contredit celui des *ours*. Toutes les espèces connues de ce genre habitent les pays froids ou tempérés. Celles qui vivent un peu plus près de l'équateur se tiennent du moins sur les points élevés des grandes chaînes de montagnes. Ce sont des carnivores de climats froids, et la taille des espèces est d'autant plus grande qu'elles vivent sous des froids plus rigoureux.

Le port des *ours* est bien connu. Leur corps est trapu, lourd, porté sur des membres épais qui semblent tronqués à leurs extrémités. La queue, extrêmement courte, disparaît complètement dans l'épaisse et grossière fourrure de l'animal. La tête, attachée par un cou vigoureux à des épaules carrées, se prolonge en un museau fin dont l'extrémité se meut comme pour mieux flairer les odeurs. Tous les pieds ont cinq doigts armés d'ongles forts et crochus. Les ours se dressent volontiers sur leurs membres postérieurs ou s'assoient pour offrir à l'ennemi leurs bras ouverts. Leur étreinte est terrible, et suffit le plus souvent pour étouffer leur adversaire. Ils marchent avec facilité, et grimpent bien sur les arbres; mais ils courent assez mal. Ils se nourrissent de chair et de fruits. Leur gueule contient au fond trois grosses molaires à couronne non tranchante et propres à mâcher. Cette dentition est en rapport avec leur régime incomplètement carnivore.

La plus grande espèce est l'*ours blanc* ou *ours polaire*. Il atteint deux mètres et plus de longueur. Son pelage est entièrement blanc, comme la neige au milieu de laquelle il vit. Il a le cou allongé, ainsi que la tête et le museau. C'est la bête féroce des contrées polaires. La moindre chaleur dans l'atmosphère l'engourdit; mais le froid le réveille et l'excite. L'été, les ours blancs abordent les terres polaires, se retirent dans les forêts, s'y nourrissent de fruits, de lichens et des cadavres d'animaux qu'ils rencontrent. C'est aussi pendant cette courte saison qu'ils donnent naissance à leurs petits. Mais, durant les neuf ou dix mois d'hiver, ils redescendent vers les côtes maritimes, s'aventurent sur les bancs de glace, et y chassent activement les phoques et les poissons de grande taille, sans que les froids de 35 et 40 degrés au-dessous de zéro leur enlèvent rien de leur activité. On les a trouvés dans toutes les régions de la mer polaire du Nord, aussi bien sur les côtes de la Sibérie que sur celles du Groënland et des terres glacées qui dépendent de l'Amérique septentrionale. Leur fourrure est recherchée pour faire de grands tapis blancs de pelleterie.

L'*ours d'Europe*, nommé aussi *ours brun*, habite les parties hautes et boisées des grandes montagnes de l'Europe : les Pyrénées, les Alpes, les Carpathes, les Balkans. On affirme qu'il vivait jadis en Angleterre et en France dans les parties les plus élevées ; il en a disparu depuis longtemps. Son pelage varie du brun au roussâtre. C'est probablement le carnivore le moins friand de chair. Il préfère les racines et les fruits sauvages, tels que les châtaignes, les sorbes, les framboises, les baies de la ronce et de l'épine-vinette. Il est très gourmand de miel, et sait fort adroitement piller les ruches d'abeilles sauvages qu'il trouve dans les creux des arbres. A cela il joint des œufs et de jeunes oiseaux pris dans leur nid. L'ours brun habite des cantons déserts, et se dispose une tanière dans le creux d'un vieil arbre ou dans quelque grotte. Il butine activement pendant l'été, et amasse beaucoup de graisse. Ce n'est que rarement et sous l'empire de la faim qu'il s'attaque aux gros bestiaux ou même aux hommes. Vers le mois d'octobre, il se retire dans sa tanière et y demeure, à ce que l'on assure, engourdi tout l'hiver. Au printemps, les femelles mettent bas trois ou quatre petits. Quoique peu carnivore, l'ours brun est un voisin importun. Il pille les fruits et le miel, il s'attaque aux jeunes volailles. Mais ce n'est pas une petite entreprise que de le chasser pour s'en défaire. La bête est forte et courageuse ; elle se défend bien. Lorsqu'on le capture, surtout étant jeune, l'ours brun s'apprivoise assez bien et se laisse même dresser à divers exercices. La taille de l'ours brun n'excède guère un mètre et demi à un mètre deux tiers pour la longueur du corps. Il vit environ cinquante ans.

Il existe d'autres espèces d'ours en Asie, dans le nord de l'Afrique et dans les deux Amériques. La plus intéressante est l'*ours noir* de l'Amérique du Nord. Sa peau est recherchée comme fourrure, à cause de sa couleur uniformément noire. La chasse de cette espèce est extrêmement lucrative ; elle alimente un commerce important de pelleteries, d'huile et de graisse.

On a retrouvé les restes de quelques espèces d'ours fossiles ; mais la plus remarquable est celle d'un ours de grande taille, dont le corps devait avoir plus de deux mètres soixante centimètres de longueur. Comme ses ossements ont été retrouvés, avec beaucoup d'autres de divers mammifères, dans le sol concrété de cavernes naturelles, on l'a nommé l'*ours des cavernes*.

Le genre *blaireau* a pour type un petit carnivore plantigrade, commun dans toute l'Europe et dans la partie occidentale de l'Asie. Il est grand comme un chien de moyenne taille et couvert d'un joli pelage un peu rude. La tête, qui rappelle celle d'un chien mâtin, est blanche, mais le dessous de la mâchoire et deux taches latérales qui s'étendent du museau à l'œil sont d'un beau noir. Les oreilles sont également noires, avec une bordure blanche en dessus. Le dos et les flancs offrent une coloration d'un gris jaunâtre ondé de noir. La gorge, le dessous de la poitrine, le ventre, les jambes et les pieds sont couverts de poils bruns très foncés ; le bas-ventre est roussâtre. Le corps est orné d'une queue touffue, couleur d'un blanc sale. Le blaireau a les pattes courtes, le corps lourd et les mouvements lents. Jadis très répandu en France, il y est devenu rare. On l'y désigne vulgairement sous le nom de *tesson*. C'est un animal solitaire, qui répand une odeur fort désagréable. Au moyen des ongles crochus qui arment tous ses doigts, il se creuse des terriers où il gîte en tout temps et où il demeure renfermé tout l'hiver. Durant la belle saison, il ne sort que la nuit pour chercher les petits animaux et les fruits dont il se nourrit. Il est friand de miel. Comme il est défiant et rusé, sa chasse est un exercice difficile et intéressant. Les Anglais s'y livrent avec ardeur. Les poils de sa queue et de quelques autres parties servent à fabriquer des pinceaux souvent appelés blaireaux.

Les contrées septentrionales de l'Europe, de l'Asie et de l'Amérique nourrissent une espèce de carnivore plantigrade analogue aux blaireaux ; c'est le *glouton du Nord*, type d'un petit genre peu nombreux en espèces. On lui donne dans l'Amérique du Nord le nom de *calcarenne*. C'est un animal vorace, de la taille de notre blaireau, mais plus vigoureux et plus agile. Les gloutons font aux rennes et aux élans des forêts du Nord une guerre assidue ; c'est là leur proie ordinaire. Ils portent une fourrure d'un beau marron foncé avec une tache brune arrondie sur le dos. Cette fourrure est assez estimée dans le commerce des pelleteries. Au même genre glouton se rapporte le *ratel* du cap de Bonne-Espérance et de l'Inde. Les naturalistes lui ont donné un nom latin qui signifie *mangeur de miel*. C'est là, en effet, un des traits curieux de ses mœurs. Tous les voyageurs qui ont séjourné au Cap vantent son adresse à dévorer le miel des abeilles sauvages.

Le continent américain possède deux espèces de *ratons*, animaux de la taille du blaireau, mais plus friands de fruits et de racines que de chair. L'un d'eux, celui de l'Amérique du Nord, a la singulière habitude de tremper ses aliments dans l'eau avant de les manger ; aussi l'appelle-t-on le *raton laveur*. La fourrure des ratons rappelle celle du renard. On voit souvent dans nos ménageries d'autres animaux toujours à peu près de la même taille, mais remarquables par un corps allongé, une tête effilée en un museau très pointu formant un boutoir mobile, une queue presque aussi longue que le corps, touffue, annelée de tons clair et foncés, qu'ils portent tantôt horizontale, tantôt redressée verticalement: ils appartiennent au genre *coati*, dont on connaît quelques espèces dans les contrées chaudes de l'Amérique. Ce sont des animaux nocturnes, à démarche trainante, qui vivent dans des terriers au milieu des bois. Ils fouillent la terre avec leur nez pour y chercher des vers, des insectes, de petits animaux fouisseurs, dont ils se nourrissent. Ils ont le caractère doux, et s'apprivoisent facilement; mais leur habitude de grimper partout et de fureter sans cesse les rend très gênants.

En résumé, les carnivores plantigrades sont donc des animaux quelque peu omnivores, car ils mêlent des végétaux à leur nourriture animale. Leurs ongles puissants les disposent à se creuser des trous ou des terriers. Beaucoup d'entre eux sont lourds et ne sortent que la nuit de leur gîte. Les plus agiles grimpent aux arbres; mais aucune espèce n'est habile à courir, à bondir et à sauter.

§ 3. — LES CARNIVORES DIGITIGRADES

Cette nouvelle famille réunit une série d'espèces où les appétits de chair et de sang se prononcent à des degrés divers. A mesure que le régime devient plus spécialement carnivore, la dentition se modifie. Les surfaces aplaties et tuberculeuses, propres à mâcher les aliments, vont en diminuant sur les dents molaires; de plus en plus exclusivement elles affectent des formes comprimées qui les disposent en crêtes tranchantes. Chez les carnivores plantigrades, toutes les molaires ont une couronne aplatie ; toutes peuvent mâcher. Chez eux le régime alimentaire est en réalité un mélange de nourriture animale et de nourriture végétale. Chez les *carnivores digitigrades*, il y a toujours des crètes tranchantes au fond de la bouche, avec des parties tuberculeuses plus ou moins restreintes. Les extrémités sont garnies de griffes plus ou moins fortes. Les moins carnivores s'en servent pour fouir la terre en la grattant. Les autres les emploient contre leur proie. Avec les crocs qui se dressent au devant de la gueule, les griffes forment un arsenal d'armes offensives que mettent en œuvre des mâchoires et des membres d'une incroyable vigueur.

Cette famille est riche en espèces nombreuses et variées ; celles-ci se répartissent naturellement en cinq groupes ou sous-familles : 1° les *mustélidés*, ou sous-famille des *martres*; 2° les *viverridés*, ou sous-famille des *genettes;* 3° les *félidés*, ou sous-famille des *chats;* 4° les *hyénidés*, ou sous-famille des *hyènes;* 5° les *canidés*, ou sous-famille des *chiens*.

Les *martres* et les *genettes* sont des carnivores de petite ou médiocre taille, à corps allongé, chassant les petits animaux, mais avec une différence marquée dans leur goût pour la chair.

Les *martres*, basses sur pattes, allongées comme des vers, souples, rampantes, et se glissant partout où peut pénétrer leur museau effilé, ne sont pas seulement avides de chair vivante. Beaucoup d'entre elles aiment à s'abreuver du sang tout chaud de leurs victimes égorgées. Leur bouche, armée de crocs aigus sur le devant, ne possède que quatre molaires à couronne tuberculeuse (une au fond de la bouche à chaque mâchoire). Leurs doigts sont pourvus de griffes fines et pointues.

Les *genettes* ou *civettes* n'ont pas ces goûts sanguinaires, mais elles vivent d'oiseaux, d'œufs et de petits quadrupèdes. On trouve au fond de leur bouche deux molaires tuberculeuses de chaque côté de la mâchoire supérieure, mais une seulement de chaque côté, à l'inférieure. Leurs griffes se redressent un peu pendant la marche, de façon à ne pas s'user complètement sur le sol et à mieux conserver leurs pointes. Leur langue est garnie de papilles cornées, dirigées en arrière, et propres à détacher la viande par lambeaux quand l'animal lèche sa proie en la dépeçant.

La sous-famille des *chats* est le groupe des bêtes féroces par excellence; ce sont les chasseurs de grande proie. Leurs appétits cruels font de plusieurs d'entre eux la terreur des autres animaux, et de l'homme lui-même. Leur corps est en tout conformé pour le carnage, et la proie leur plaît d'autant plus qu'ils en dévorent les quartiers encore fumants. Ces goûts sanguinaires et ces mœurs violentes sont alliés à un extérieur réellement attrayant. Ce sont de belles bêtes, ces fauves assassins! Leur irrésistible vigueur est revêtue de formes légères, élégantes et souples. Leurs mouvements, souvent si terribles, ont dans d'autres moments un charme caressant. Leur robe est généralement décorée de dessins gracieux. Mais leur œil a des éclats menaçants; leurs crocs sont terribles à voir; leurs griffes, toujours acérées, percent comme des alènes; leur voix rauque et sonore retentit comme un cri de guerre. Ils s'élancent par bonds prodigieux et imprévus; ils se précipitent de hauteurs effrayantes, et leur corps, merveilleusement souple, semble ne jamais heurter le sol, tant il y tombe mollement.

Ces vrais carnivores n'ont presque plus que des molaires tranchantes dans la bouche. En haut seulement, tout au fond, de chaque côté, une molaire tuberculeuse bien petite; en bas tout est coupant. De fortes papilles cornées hérissent la langue: les chats ne peuvent lécher sans déchirer. La tête est arrondie, avec le museau court. Les mâchoires, serrées dans leur articulation comme de vraies tenailles, ont une force prodigieuse. Les ongles, crochus et tranchants, rappellent par leur disposition naturelle les couteaux fermants. Pendant la marche, et toutes les fois que la bête n'étend pas le membre et les doigts, la dernière phalange se redresse, et l'ongle acéré se retire sous un repli de la peau ; mais dès que l'animal le veut, ou simplement lorsqu'il lance sa patte étendue, de chaque doigt sort une lame bien affilée et terminée en pointe aiguë.

Au milieu de ce groupe trône le roi des animaux, le lion. Après lui viennent le tigre, la panthère, le léopard, le lynx, l'once, le jaguar, etc. Dans nos demeures, ces redoutables animaux sont représentés en miniature par le chat domestique.

Les *hyènes* sont de hideux rôdeurs de charniers et de cimetières. Voraces, mais incomplètement armées et peu courageuses, elles se repaissent de cadavres. Leurs ongles, qui ne sont plus rétractiles comme ceux des chats, s'usent à creuser la terre qui recouvre les morts. Elles suivent les lions et les panthères pour dévorer les restes qu'ils ont dédaignés, et se tiennent dans le voisinage des caravanes et des armées pour se repaître des corps d'hommes et d'animaux qui restent abandonnés après leur passage. Leur forme est laide, comme leurs goûts sont repoussants. Elles ont encore une langue armée de papilles cornées ; la mâchoire inférieure ne porte pas de molaire tuberculeuse ; mais, comme chez les chats, on en trouve une en haut.

Les *chiens* sont les moins carnivores parmi les digitigrades. Ils vivent d'animaux ; mais ils préfèrent la chair faisandée à la chair fraîche, et ils mêlent à ce régime une certaine quantité de substances végétales. Leur tête est moins ramassée que celle des chats et des hyènes, leur museau est plus effilé. On trouve dans leur bouche deux dents molaires tuberculeuses au fond, de chaque côté et à chaque mâchoire. Ce sont donc, de tous les carnivores digitigrades, les mieux organisés pour mâcher. Leur langue est lisse, sans aucune papille cornée. Les chiens ont cinq doigts aux pattes de devant ; quatre en arrière. Les doigts sont munis d'ongles forts et crochus, non tranchants et non rétractiles; ils leur servent beaucoup pour creuser la terre.

Dans ce groupe, l'attention se porte nécessairement sur l'un de nos plus précieux animaux domestiques, le chien; le loup, le renard, le chacal y prennent place, sans obéir aux mêmes instincts de sociabilité et de domestication.

§ 4. — LES MARTRES; LEURS DÉPRÉDATIONS; LEURS FOURRURES

Nous possédons en France cinq ou six espèces de martres, de taille assez inégale. La plus grande est la *loutre*, que ses habitudes aquatiques éloignent des lieux où se tiennent les autres espèces. C'est ensuite le *putois*, puis la *martre ordinaire*, qui vivent dans les bois voisins des habitations. Enfin vient la *fouine*, qui des champs et des bois passe volontiers dans les maisons, et ne craint pas d'en habiter les dépendances (jardins, basses-cours, étables, etc.); puis la *belette*, la plus petite des cinq, hôtesse habituelle, en hiver, de nos granges et de nos greniers, émigrant aux champs pendant l'été, pour gîter dans quelque vieux tronc d'arbre.

Le *putois* a le corps d'un demi-mètre, avec une queue des deux tiers moins longue. Il se tient dans le voisinage des fermes, des garennes et des maisons rurales en général. La nuit, il s'y introduit pour égorger les volailles et les lapins; il se jette sur les poules et les pigeons, les saisit au cou pour les saigner, quelquefois même leur détache la tête, boit le sang et mange la cervelle, abandonnant le plus souvent tout le reste. Défiant, souple et très leste, il évente facilement les pièges qu'on lui tend, et il réussit presque toujours à s'échapper par la fuite. Son pelage est brun, avec le dessous jaune assez clair. La tête est marquée de quelques taches blanches, surtout vers le museau. Son nom veut dire *puant*, et rappelle l'odeur détestable qu'il répand.

La *martre ordinaire* ne dépasse pas trente-six centimètres de longueur, plus une queue de vingt-six à vingt-sept centimètres. Rare aujourd'hui en France, elle est encore très commune dans tout le nord de l'Europe. Elle habite les bois, surtout ceux où dominent les pins et les sapins; elle s'approche peu des fermes et des hameaux. Sauvage et sanguinaire, elle vit de gibier : perdrix, lièvres, etc.; de surmulots, de campagnols, d'écureuils et d'oiseaux, qu'elle poursuit lestement sur les arbres. Souvent, dans la première quinzaine de mars, on trouve ses petits installés dans le nid d'un oiseau ou d'un écureuil. Le meurtre a servi à conquérir cet asile. Elle porte un pelage brun jaunâtre, avec une tache jaune bien marquée sous la gorge.

La *fouine*, un peu plus petite (longueur du corps, trente à trente-deux centimètres; queue, vingt-deux centimètres), a le pelage peu différent; il est d'un brun bistré, plus pâle à la tête; une large tache blanche couvre le dessous du cou. Cette tache distingue surtout la fouine de la martre. C'est la grande dévastatrice des poulaillers et des basses-cours. Plus avide de sang que de chair, elle fait un massacre complet pour ne se nourrir que de quelques victimes. Lorsqu'elle a des petits, elle leur apporte une part de son butin. Elle chasse aussi les mulots, les campagnols, les musaraignes et les taupes. Elle se laisse assez facilement apprivoiser, mais en conservant ses mœurs de maraudage sanguinaire, qu'utilise parfois quelque braconnier ou quelque garde-chasse peu scrupuleux. La fouine exhale une odeur musquée forte et désagréable.

L'espèce de martre la plus commune en France et par toute l'Europe est la *belette*, petite bête longue de dix-sept centimètres, plus une queue de neuf centimètres environ. Son petit corps fluet est d'une couleur fauve, ainsi que sa queue, qui est jaune, et jamais noire à l'extrémité. Elle est vive et alerte, sautillant plutôt qu'elle ne court. Les colombiers et les basses-cours l'attirent par-dessus tout, et elle s'attaque aux jeunes, dont elle fait un abondant carnage. Elle chasse aussi les souris, les jeunes rats, les lapereaux. C'est la nuit qu'elle va en quête; le jour, elle dort dans son gîte. Toute petite qu'elle est, elle répand une forte odeur.

La loutre ordinaire.

On élève en France, pour chasser les gibiers à terrier, une petite martre qui n'existe pas chez nous à l'état sauvage, c'est le *furet*. Il est un peu plus petit que le putois. Son pelage est jaunâtre, avec le dessous blanc. On pense que cette espèce est originaire de l'Espagne et des pays Barbaresques.

Dans toute l'Europe, dans tout le nord de l'Asie jusqu'aux rivages de l'océan Pacifique, et même au Japon, on trouve le long des cours d'eau et des lacs la *loutre*, grande martre dont le corps atteint soixante-cinq centimètres, et se prolonge en une queue de trente-cinq centimètres. Très friande de poisson, elle le préfère à toute autre proie. Elle s'établit solitaire dans les trous du rivage, sous les racines des peupliers ou des saules, ou même sous des piles de bois ou d'autres objets accidentellement amoncelés sur la rive. Elle n'y séjourne d'ailleurs qu'un temps assez court, puis change de cantonnement. Quelque peu embarrassée sur la terre, elle nage avec prestesse, plonge volontiers, et suit au besoin le poisson entre deux eaux. Si le poisson abonde, comme dans un vivier, par exemple, les instincts de carnage se révèlent. La loutre tue sans nécessité autour d'elle, puis elle choisit le plus gros poisson pour l'emporter dans son trou. On assure qu'il est facile de l'apprivoiser, et que l'on parvient à la dresser à la pêche. Elle est de couleur brune, grisâtre en dessous, avec un poil brillant et moelleux.

Le groupe des martres offre un intérêt particulier à cause des fourrures que fournissent plusieurs espèces, la plupart étrangères à nos pays. Leur poil se compose en hiver d'une bourre fine, douce et très chaude; celle-ci est en quelque sorte recouverte par un poil soyeux, plus long et très brillant. Ces pelleteries sont les plus estimées que l'on emploie comme objets de luxe. Il faut citer au premier rang la *zibeline* et l'*hermine*. La première a une fourrure brune presque noire; elle provient d'une martre du même nom, qui habite les contrées de hautes montagnes dans les régions septentrionales de l'Europe et de l'Asie. La seconde provient d'une autre espèce un peu plus grande que la belette, et que l'on chasse dans le nord de la Russie et en Sibérie. Cette petite martre a le bout de la queue d'un beau noir, et le reste du corps d'un blanc de neige en hiver, d'un roux fauve en été. La fourrure d'hiver est célèbre; on l'emploie parsemée de bouts de queues, qui représentent des taches noires sur un fond blanc. C'est la première des fourrures de luxe et d'apparat.

On fait ensuite grand cas de la *martre du Canada,* ou *pékan,* qui est d'un marron foncé, et qui provient des parties septentrionales de l'Amérique du Nord. La *martre de France* a la fourrure de la martre ordinaire ; on aime beaucoup moins sa couleur brun jaunâtre. La fantaisie de la mode a fait rechercher, à certaines époques, la *martre de Pologne* ou *perouaska,* qui est tout à fait jaune ; la martre qui la produit est de Russie et d'Asie Mineure. Le *mink* ou

La zibeline.

vison blanc est une fourrure noirâtre, avec le dessous du museau blanc. La plus employée peut-être de toutes les fourrures est le *vison,* fourrure uniformément brune, empruntée à une martre du même nom, très commune au bord des cours d'eau dans l'Amérique septentrionale. La fourrure de la *loutre ordinaire* est médiocrement estimée ; mais on attache beaucoup plus de prix à celle de la *loutre du Canada,* et surtout à la *loutre de mer* ou *loutre du Kamtchatka,* grande espèce devenue fort rare, et qui habite les rivages de la mer Glaciale et du détroit de Behring. Le *putois* est une fourrure très commune et d'un effet peu agréable; les peaux les plus belles nous sont importées de Russie.

Toutes les martres ont près de l'anus des glandes qui produisent une matière d'une odeur forte, généralement

Hermines.

musquée et désagréable; mais l'Amérique a le fâcheux privilège de posséder trois ou quatre espèces chez lesquelles cette sécrétion a une intensité inouïe d'infection. Elles forment le genre *mouffettes;* ce nom veut dire animaux méphitiques ou infectants. La mieux connue est le *chinche* des États-Unis. Dès que cet animal redoute quelque danger, lorsqu'on l'attaque, il dégage une odeur empestée qui persiste plusieurs jours, et va jusqu'à rendre malades ceux qui sont condamnés à la respirer. Vêtements, barbe, cheveux, provisions alimentaires, tout en est imprégné d'une façon tenace et insupportable. On connaît au Chili et à Montevideo deux autres espèces pourvues de la même propriété. La taille de ces diverses mouffettes varie de celle du chat ordinaire à celle d'un chien de moyenne force.

§ 5. — LES GENETTES, LES CIVETTES ET LES MANGOUSTES

Ce petit groupe comprend des espèces appartenant toutes à l'ancien continent, mais surtout aux régions intertropicales et tempérées. Elles se partagent en trois genres naturels : les *genettes*, les *civettes* et les *mangoustes*. Les unes aussi bien que les autres ont, près de l'anus, des glandes où se forme une matière douée d'une odeur généralement musquée, forte et pénétrante, mais assez agréable. Tous ces animaux ont des formes déliées, une taille médiocre, des jambes courtes, et un pelage marqué de taches ou d'anneaux d'une teinte foncée. Sur le dos se voit souvent une sorte de crinière, formée de poils longs et touffus, que l'animal hérisse par moments, surtout lorsqu'il est irrité.

La *genette de France*, ou *genette commune*, est la seule espèce de cette sous-famille qui habite l'Europe. On la rencontre dans le midi de la France (surtout dans la Gironde), en Espagne et dans toute l'Afrique. Son corps a soixante-quinze à quatre-vingt-quinze centimètres de longueur, avec une queue touffue à peu près moitié aussi longue. Le pelage est gris, tacheté de brun noirâtre, au corps ; noir, tacheté de blanc, à la tête. La queue est annelée de noir et de blanc grisâtre. Elle vit dans le voisinage des sources et des ruisseaux. Son régime alimentaire est analogue à celui des martres ; mais ses instincts sont moins sanguinaires.

Les *civettes*, assez semblables aux genettes, sont deux espèces que distinguent l'abondance de la sécrétion odorante auprès de l'anus, et l'existence de deux poches symétriques où cette matière s'accumule et forme une sorte de pommade odorante. On la recueille et on l'emploie dans la parfumerie sous le nom de *civette ;* on en faisait jadis usage en médecine contre les affections nerveuses.

L'une des deux espèces est africaine ; c'est la *civette com-*

La genette commune.

mune. Sa taille est celle de la genette ; elle est d'un gris cendré, et marquée de taches et de barres noires. La queue est annelée de noir dans sa première moitié, uniformément noire vers le bout. La seconde espèce est asiatique ; elle habite l'Hindoustan, Sumatra, Java, les Moluques. On la désigne sous le nom de *zibeth* ou *civette de l'Inde.* Elle ressemble beaucoup à celle d'Afrique ; mais sa crinière est à peine prononcée.

Pour récolter la civette, les indigènes introduisent, deux ou trois fois par semaine, une cuiller successivement dans chaque poche et la vident en partie. Mieux l'animal est nourri, plus il donne de matière parfumée.

Les espèces, assez nombreuses, du genre des *mangoustes* sont répandues en Chine, aux Indes orientales et en Afrique. Elles sont dépourvues de poches pour leur matière odorante. Leur dos est tout à fait dépourvu de crinière. L'espèce la plus célèbre vit en Égypte, où les Européens la

La mangouste ichneumon.

désignent sous le nom de *rat de Pharaon;* les indigènes l'appellent *nems*. Les anciens Grecs la nommaient *ichneumon*. C'est aujourd'hui, pour les naturalistes, la *mangouste ichneumon* ou *mangouste d'Égypte*. Les anciens Égyptiens lui avaient voué un culte. Les tombeaux souterrains qu'ils nous ont laissés en contiennent de nombreuses momies. On a attribué ce culte au service que rendaient les ichneumons en dévorant les œufs de crocodiles et de serpents. On a même ajouté beaucoup de fables à ce que cette assertion a de vrai. Les mangoustes se nourrissent de petits mammifères, d'oiseaux et d'œufs de toutes sortes. Il est vrai que l'ichneumon détruit ainsi beaucoup d'œufs de crocodiles et de serpents. Il rend ainsi aux riverains du Nil des services incontestables; mais ceux-ci sont compensés par bien des méfaits.

A la chute du jour, l'ichneumon sort de sa retraite; il se glisse entre les moindres plis de terrain, toujours en éveil pour sa sûreté, toujours en quête de quelque proie. S'il rencontre des œufs de reptiles, tant mieux; mais tant pis s'il parvient dans un poulailler. Il a quelque chose des instincts inutilement destructeurs que nous avons vus chez les martres. Si la proie abonde, il tue tout ce qu'il rencontre à sa portée. Néanmoins on élève des ichneumons dans les maisons égyptiennes, comme nous élevons des chats, pour détruire les souris et autres petits animaux importuns ou nuisibles; on a seulement le soin de prendre des précautions contre leurs appétits de carnage. La mangouste ichneumon est de la taille d'un gros chat; elle est d'un brun foncé tiqueté de blanc sale. La queue, longue et bien fournie, se termine par un flocon de poils uniformément bruns.

§ 6. — LES GRANDS CHATS

L'ancien continent produit les plus célèbres espèces de chats de forte taille : le *lion*, le *tigre*, le *léopard*, la *panthère*, le *guépard*, le *lynx*. Le genre des *chats* présente un fait analogue à celui qui a été signalé pour toute la grande famille des singes. Les espèces de chats qui habitent l'ancien continent n'existent ni dans les deux Amériques ni en Australie; mais, tandis que le continent australien ne possède aucune espèce de ce genre, le continent américain en possède plusieurs qui lui appartiennent en propre. Parmi

les espèces de chats américains il en est même 'qui atteignent une taille assez grande, mais toujours inférieure à
celle du lion et du tigre. Sur le nouveau continent,'le
tigre semble être représenté par l'*once* ou *jaguar;* la pan-

Le lion.

thère, par le *puma* ou *cougouar;* le léopard, par l'*ocelot* ou
macaraga.

Le *lion* est un des plus grands chats, et il est certainement le plus beau. Du bout du museau à l'origine de la

queue, son corps a un mètre soixante-cinq centimètres, et parfois jusqu'à deux mètres de longueur. Au niveau des épaules, sa hauteur est d'un mètre à un mètre trente centimètres, suivant les individus. Sa queue est longue de soixante-cinq à quatre-vingt-huit centimètres. La lionne est d'un quart plus petite que le lion. Tous deux sont de couleur fauve; le mâle est orné d'une majestueuse crinière, qui entoure la tête et le cou, et retombe sur les épaules. La femelle n'a jamais cet ornement. Leurs formes sont sveltes, élancées, souples et puissantes à la fois. La queue, mince et couverte d'un poil court, est terminée par un gracieux bouquet de longs poils noirs. Mais ce qui frappe surtout dans cette bête féroce, c'est l'expressive mobilité de sa face. Calme, elle respire un air de force confiante, de dignité hautaine et même de bonhomie dédaigneuse, lorsque l'animal ferme les yeux à la manière de nos chats. Mais si la moindre passion intervient, tout change : la peau de la face s'agite et se contracte; la crinière se dresse au-dessus du front; les yeux brillent d'un éclat fauve sous de gros sourcils frémissants; la gueule s'ouvre et laisse voir des crocs formidables et une langue hérissée de pointes recourbées vers l'arrière, serrées et aiguës comme les dents d'une carde. Cette sorte de visage expressif, imposant et terrible, a de tout temps frappé l'imagination du vulgaire, aussi bien que celle des artistes. C'est ce qui a sans doute valu au lion le surnom de *roi des animaux*.

Quoique fort et courageux, le lion ne cherche pas des luttes inutiles. Il vit solitaire, dans un canton où nul autre carnassier ne chasse. C'est entre dix heures du soir et trois ou quatre heures du matin qu'il rôde, et va se mettre à l'affût sur le passage ou près du campement de quelques bandes de mammifères herbivores, tels que les gazelles. Si la chasse est heureuse, il dévore sur-le-champ une partie de sa proie, et met en réserve les débris de ce repas de chair fraîche. Il y reviendra si, moins heureux un autre jour, il n'a pu trouver de quoi assouvir sa faim. Aux jours de disette, il se résigne même aux charognes qu'il rencontre d'aventure. Alors, protégé par la nuit et poussé par le besoin, il rôde même dans le voisinage des campements et des habitations des hommes. Il cherche fortune sans vouloir attaquer, et souvent même le moindre bruit suffit pour l'éloigner. Mais s'il est poursuivi, s'il est dérangé pendant qu'il mange, ou s'il reçoit une blessure, alors il accepte la lutte, la soutient avec acharnement, et y déploie autant de force et d'agilité que de courage. La chasse au lion est une entreprise extrêmement périlleuse. Quelques hommes, en divers pays, se sont fait une renommée parmi leurs compatriotes pour avoir tué dans leur vie plusieurs lions ; mais la plupart de ces chasseurs intrépides ont, en quelques rencontres, reçu de cruelles blessures ; beaucoup ont fini sous l'étreinte de quelqu'une de ces redoutables bêtes.

Le lion a communément pour suivants assidus des animaux du groupe des chiens, les *chacals,* qui vivent des débris de ses chasses.

Quelque bien armé que soit ce grand carnivore, il a peu à peu disparu de beaucoup de contrées, à mesure que les hommes s'y installaient définitivement. L'Europe, qui n'en possède plus aujourd'hui, en avait autrefois, au moins dans sa région méridionale. Ils semblent avoir disparu en dernier lieu (peut-être seulement six à sept siècles avant Jésus-Christ) des montagnes sauvages du pays des Thraces, les monts Balkans d'aujourd'hui. On en rencontre encore en Asie Mineure, en Syrie, en Arabie, en Perse et dans le sud de l'Hindoustan. L'Afrique est peuplée de lions dans presque toutes ses parties, surtout au Sénégal et dans la Cafrerie.

On ne peut vraiment comprendre aujourd'hui comment les Romains se procuraient tant de lions pour leurs jeux publics. Plus d'un empereur a montré le même jour, dans le cirque, cinq à six cents lions au peuple assemblé. Il y a lieu de douter que l'on puisse aujourd'hui en faire autant.

Le *tigre* ne vit qu'en Asie; mais il est répandu sur un très vaste territoire : tout l'Hindoustan, Sumatra, Java, la Chine, la Mongolie, la Sibérie méridionale et jusqu'au Turkestan. C'est un magnifique animal, de la taille à peu

Le tigre.

près du lion; vêtu d'une robe fauve sur le dos, avec les joues, la gorge, la poitrine et le ventre blancs. Cette robe est ornée partout d'élégantes zébrures ou bandes d'un noir velouté. Sa queue, à peu près aussi longue que celle du lion, est entourée d'une série de bandelettes noires; elle ne porte aucune touffe de poils à son extrémité. Dans tous les pays où il habite, le tigre inspire plus de terreur que n'en répand le lion autour de son cantonnement. Aussi fort que ce dernier, il passe pour être beaucoup plus rusé. Défiant et circonspect, il ne manque cependant ni de courage ni d'audace. Il attaque plus volontiers que le lion, et l'on assure que lorsqu'un tigre a goûté de la chair humaine, il la préfère à toute autre, et devient, comme on dit aux Indes, *mangeur d'hommes*. Ce qu'on rapporte de ses attaques porte à croire qu'il est encore plus agile et énergique sauteur que le lion. Les Hindous, et maintenant les Anglais, leurs maîtres, chassent le tigre avec le secours de l'éléphant comme monture. Cette chasse se prépare et s'organise comme une véritable expédition militaire. Elle entraîne fréquemment mort d'hommes.

La Perse, les Indes, Java, le Sénégal, la Guinée et d'autres parties boisées de l'Afrique septentrionale possèdent de grands chats à pelage fauve jaunâtre tacheté de noir, mais non pas rayé comme celui du tigre. Bien qu'il existe, pour les désigner, trois noms indiquant trois espèces distinctes, on n'est pas encore bien sûr de les distinguer l'une de l'autre. Le *léopard* est sans doute le plus grand des trois (longueur du corps, un mètre à un mètre cinquante centimètres; queue, soixante-dix centimètres). Sa robe, fauve clair, porte de six à dix rangées de taches noires assez rapprochées. Il vit dans les forêts d'Afrique, où il fait aux singes une guerre acharnée, les poursuivant sans peine jusque sur les arbres. On le rencontre aussi dans diverses parties de l'Inde. La *panthère* est à peine distincte du léopard; cependant on la dit plus petite, et son pelage ne porte que six ou sept rangées de taches noires en forme de rose, plus écartées les unes des autres. Elle habite les forêts de l'Hindoustan, de l'Indo-Chine et d'autres contrées chaudes de l'Asie. Java possède une panthère noire avec les taches d'un noir plus prononcé. Cette panthère, dans nos ménageries, s'est toujours montrée farouche et intraitable à l'excès. Enfin le *guépard* est une troisième espèce beaucoup plus distincte. Il a presque la taille de la panthère; mais son corps, plus élancé, est

Le caracal ou lynx des anciens.

plus haut monté sur pattes. Son pelage est fauve avec de petites taches noires. La poitrine et le ventre sont blancs. Ce joli animal est beaucoup moins farouche et moins sanguinaire que les précédents; ses griffes ne sont presque pas rétractiles, et n'ont pas le tranchant habituel aux animaux de ce groupe. Le guépard s'apprivoise facilement, s'attache à son maître, et montre une intelligence assez grande pour se laisser dresser à la chasse comme le chien. On l'emploie ainsi en Perse et dans quelques autres contrées de l'Asie. Cette espèce n'existe que dans le midi de cette partie du monde.

Le nom de *lynx* est fort connu; mais on l'applique à plusieurs espèces voisines des vrais *chats*, dont le pelage très fourni est remarquable par le pinceau de longs poils qui surmonte la pointe de chaque oreille. Leur queue est courte et fournie. Leur taille est à peu près celle du loup, ou d'un chien de forte race. Le *loup-cervier* est un lynx d'Europe et d'Asie. On le trouve communément en Allemagne, où on le nomme *luchs;* en Russie, où on l'appelle *rys*. Il est rare en France. Sa fourrure est d'un roux clair, moucheté de brun très foncé. Il a le cou garni de poils blancs, et trois barres noires sur les joues.

On trouve en Espagne, en Portugal, en Sardaigne, en Sicile, en Turquie et en Grèce, un autre lynx appelé *parde* ou *chat-pard*. Il est plus petit; on peut le comparer à un chien de moyenne taille. Le *caracal* est encore un autre lynx répandu en Afrique, en Arabie, en Perse et jusque dans l'Inde. On a tout lieu de croire que c'est l'animal nommé *lynx* par les anciens. C'est lui qu'ils prétendaient avoir été attelé au char du dieu Bacchus; c'est à lui qu'ils attribuaient une vue si perçante. Il est à peu près de la taille du loup-cervier; sa robe, d'un roux vineux uniforme en dessus, est blanche en dessous. Il n'est pas rare en Algérie, où les Arabes le nomment *anak-el-ared*.

§ 7. — LES CHATS DOMESTIQUES

Chacun connaît les *chats domestiques,* et chacun sait qu'ils sont loin de se ressembler complètement pour le pelage, la coloration et la taille. En existe-t-il donc plusieurs espèces? Les naturalistes ne le pensent pas. Après avoir beaucoup observé ces animaux, ils ont admis que tous les chats domestiques se rapportent à une seule et même espèce. Les animaux qui naissent, vivent et s'élèvent dans les habitations des hommes sont loin d'être nourris, traités et entretenus partout de la même manière. L'état domestique place ainsi les individus d'une même espèce dans des conditions variées. Cette variété a pour effet de modifier dans des sens différents le développement des animaux domestiques. Ils prennent ainsi peu à peu en domesticité une taille plus ou moins grande, des couleurs nouvelles; l'unité de conformation disparaît. Ainsi naissent parmi les individus d'une même espèce des *variétés* plus ou moins prononcées. Si les circonstances qui les ont produites se maintiennent dans un lieu donné, ces variétés s'accusent de plus en plus à mesure que de nouvelles générations se succèdent en les reproduisant. Les individus ainsi modifiés d'une façon durable et héréditaire forment dès lors une *race.*

Les chats de nos habitations sont d'une seule et même espèce, le *chat domestique;* mais ils appartiennent à plusieurs races. Le même fait s'observe encore chez les chiens, les chevaux, les bœufs et les vaches, les moutons, les porcs et en général chez tous nos animaux domestiques.

On peut indiquer comme des races différentes parmi nos chats domestiques : les *chats tigrés,* les *chats d'Espagne,* les *chats chartreux,* les *chats d'Angora,* et plusieurs autres races de chats domestiques d'Asie et d'Afrique. Le pelage des premiers rappelle, sur un fond gris jaunâtre, la rayure foncée du tigre. Ce sont souvent de fort jolis animaux. Chez les autres, la rayure a disparu plus ou moins complètement. Les *chats d'Espagne* ont une robe marquée, par larges taches, de rouge, de blanc et de noir. Les *chats chartreux* sont colorés uniformément en gris ardoisé. Quant aux *chats d'Angora,* ils ont, avec des colorations assez

Le chat sauvage.

variées, un poil soyeux, long, touffu et moelleux, qui les fait reconnaître sans peine.

Je ne puis m'arrêter ici à décrire le caractère bizarre des chats domestiques. On sait combien ils sont caressants et câlins, en même temps que rusés, traîtres, indociles et souvent voleurs. Amis passionnés de leur bien-être, ils représentent dans le jour l'indolence et la mollesse. La nuit venue, ils deviennent rôdeurs, et s'échappent, s'ils le peuvent, pour aller courir sur les toits, sur les crêtes des

murs et dans les jardins. La vie du chat ne dépasse guère
quinze ans. La chatte met bas à chaque portée quatre ou
cinq petits, après cinquante-cinq jours de gestation. Elle
a souvent deux portées par an.

On trouve dans les forêts de toute l'Europe un animal
très semblable aux chats domestiques tigrés, mais un peu
plus grand, et que l'on nomme *chat sauvage*. Beaucoup de
naturalistes le regardent comme l'espèce primitive, l'espèce sauvage dont descendent nos races domestiques. Il
chasse les petits mammifères et les petits oiseaux, comme
nos chats domestiques attaquent les souris et les serins. Il
est farouche et, dit-on, fort cruel.

Comme beaucoup de races d'animaux domestiques, celles
des chats remontent, au moins en certains pays, à une
antiquité très reculée. L'antique Égypte les possédait en
grand nombre plus de deux mille ans avant Jésus-Christ.
Les Romains en élevaient dès les premiers temps de Rome.
Les Grecs ne les connurent que plus tardivement. A la fin
du XVe et au commencement du XVIe siècle, les Européens
qui découvrirent les diverses contrées de l'Amérique n'y
trouvèrent point de chats domestiques. Plus récemment,
il en a été de même pour l'Australie. Ce sont les colons
européens qui ont apporté ces animaux avec eux; de là
proviennent ceux qui peuplent aujourd'hui beaucoup de
parties de ces deux pays.

§ 8. — LES HYÈNES

On ne sait comment s'expliquer la renommée singulière
de férocité qui s'est attachée au nom de l'hyène. Toutes
les espèces que nous connaissons de ce genre ont les mêmes
mœurs; aucune n'inspire la crainte aux habitants des contrées où elles sont communes. Loin de là; voraces, peu-
reuses, mal armées d'ailleurs de dents et de griffes, mal

bâties avec leur train de derrière abaissé et comme éreinté,
elles inspirent la répugnance à cause de leur goût pour les
cadavres et les charognes; mais c'est à coups de bâton
qu'on se défait de leur importune et dégoûtante présence.
C'est seulement lorsque les hyènes sont affamées et pous-
sées à bout par le besoin, qu'elles en viennent à attaquer

Hyènes rayées fouillant un cimetière.

les hommes. Sous l'empire de la même détresse, les ours,
les loups, les chiens sauvages eux-mêmes s'enhardissent
aux mêmes attaques.

D'ailleurs tout ce qu'on a pu observer du caractère des
hyènes ne les montre même pas comme des animaux
farouches. Elles s'apprivoisent assez bien, et deviennent
facilement dociles. Dans les ménageries, on les regarde
toujours comme des plus faciles. Dans beaucoup de con-

trées de l'Orient, on les élève pour garder, comme des chiens, les cours, les jardins et les plantations.

L'*hyène rayée* a le pelage grossier, gris, avec des raies transversales de noir et de brun. Sa nuque et son dos, incliné en pente vers les reins, sont hérissés d'une crinière qu'elle relève dès qu'elle est irritée. Le cou est assez long, et porte d'une façon disgracieuse une tête arrondie terminée en un museau gros et court. Toute la force de l'animal est dans le cou et les mâchoires. Il enlève avec sa gueule des animaux entiers, même plus grands que lui, sans les laisser traîner à terre. Il brise sous ses dents les ossements les plus durs. Sa taille est celle d'un grand chien. On la trouve dans les Indes, en Abyssinie et au Sénégal. L'*hyène tachetée* se distingue de celle-ci parce qu'au lieu de raies elle porte sur les flancs de grandes taches de brun et de noir, et parce que la crinière de son dos est peu développée. Elle est du midi de l'Afrique.

Il a existé des espèces d'hyènes fossiles plus grandes que celles de l'époque actuelle. Ainsi on a trouvé dans le sol de la France, de l'Allemagne et de l'Angleterre, de nombreux ossements d'une grande espèce aujourd'hui détruite, à laquelle on a donné le nom d'*hyène des cavernes*.

§ 9. — LES LOUPS, LES RENARDS, LES CHACALS

Le *loup!* voilà la bête féroce de nos pays; voilà le brigand brutal, gourmand, quelque peu niais et d'un courage douteux, que dépeignent à plaisir nos contes de fées, nos légendes et nos fables. Quant au *renard*, c'est autre chose. Les volailles le redoutent plus que les enfants et surtout les hommes. Mais dans les récits des fabulistes, c'est *maître renard* le fin matois, le parleur avisé; c'est une bête d'esprit, riche en bons tours. Il y a là un contraste bien connu, et assez conforme à la vérité.

Ce sont les deux espèces du groupe des chiens les plus répandues en Europe. Le loup habite en outre communément tout le nord de l'Asie et de l'Amérique septentrionale. Le renard, moins fait pour les climats froids, se retrouve encore en Syrie, en Perse et dans l'Inde. Mais chacune de ces espèces peut servir de type à un genre. On connaît, en effet, à Java, en Abyssinie, en Égypte, dans les deux Amériques, au moins cinq ou six espèces très semblables au *loup commun* d'Europe et qui en sont cependant distinctes. Tels sont : le *loup des prairies*, commun en Californie et dans les contrées voisines ; le *loup du Mexique*, vulgairement nommé dans le pays *cayotte* ou *caygotte ;* le *loup rouge à crinière*, des pampas de la Plata.

Il existe de même un genre *renard* qui se compose d'espèces nombreuses ; tels sont, en Sibérie, le *renard bleu* ou *isatis ;* en Tartarie, le *petit renard jaune, adive* ou *corsac ;* en Nubie, le *fennec*. Les deux Amériques en possèdent aussi plusieurs espèces.

Le *loup commun* est comme un chien de très forte taille. Son corps a un mètre du museau à la base de la queue ; celle-ci a quarante centimètres. Au niveau des épaules, il est haut de soixante-dix centimètres au moins. Son pelage est composé de poils grossiers, d'un gris fauve, varié de diverses nuances sur quelques parties. Certaines variétés ont une robe toute noire. En vieillissant, le loup tourne peu à peu au blanc. Cela semble, pour beaucoup de voyageurs, constituer une autre variété, le *loup blanc ;* ce n'est qu'une question d'âge. La durée de la vie, dans cette espèce, est de quinze à vingt ans. En hiver, surtout lorsque le froid est rigoureux, les loups se réunissent quelquefois pour chasser, et l'on croit avoir remarqué qu'ils se partagent en groupes, se relayant les uns les autres, pour atteindre plus sûrement leur proie à la course. Dans les pays de hautes montagnes, ou de vastes forêts, lorsque les gelées sont longtemps prolongées, on voit des troupes de loups affamés, au nombre de plusieurs centaines d'indi-

vidus, parfois accompagnées d'ours, parcourir les campagnes, entrer dans les villages, se jeter sur tous les
animaux qu'ils rencontrent, moutons, chiens, chevaux,
bœufs, et s'attaquer même aux hommes. La faim et le
nombre leur donnent alors une hardiesse inouïe. Mais en
temps ordinaire les loups vivent isolément. Ils redeviennent
alors poltrons, rusés et circonspects. C'est cependant un
animal vigoureux, infatigable à la marche, rapide à la
course, doué d'une vue perçante, d'un odorat excellent,
d'une ouïe très fine. Mais le plus communément il aime la
proie désarmée et la ripaille sans danger. Cependant « on
a vu, dit Buffon, des loups suivre des armées, arriver en
nombre à des champs de bataille où l'on avait enterré né-
gligemment les corps, les découvrir, les dévorer avec une
insatiable avidité, et ces mêmes loups, accoutumés à la
chair humaine, se jeter ensuite sur les hommes, attaquer
plutôt le berger que le troupeau, dévorer des femmes, emporter des enfants. On a appelé ces mauvais loups *loups-
garous*, c'est-à-dire loups dont il faut *se garer*. »

On a pu, depuis la fin du xviie siècle, détruire complètement les loups dans toutes les parties des îles Britanni-
ques. Mais le reste de l'Europe en est infesté. Les régions
montagneuses et les grandes forêts de la France en sont
encore peuplées, et, quoique moins abondants, ils existent
aussi dans les autres parties. La louve porte environ neuf
semaines; chaque portée se compose de cinq à huit petits.
Les jeunes naissent vers la fin de l'hiver.

Le *renard vulgaire* est bien plus répandu que le loup. Il
est moins dangereux, mais tout aussi nuisible. Il établit
son terrier au milieu des bois, non loin des habitations.
Quelquefois c'est un trou naturel qu'il agrandit et accom-
mode à sa convenance; souvent c'est un terrier de lapins
ou de blaireaux dont il a chassé les maîtres légitimes en
l'empestant de son urine Quand il a mis cette demeure à
sa taille, c'est un souterrain à plusieurs entrées. Celles-ci,
par de nombreuses galeries, mènent à trois pièces bien

distinctes : une antichambre, appelée *maire*, qui est son poste d'observation pour épier le danger, ou son vestibule pour respirer l'air frais ; une salle à manger, nommée *fusée* ou *fosse*, long boyau d'un mètre, où sont déposés gibiers, volailles, proies de toutes sortes ; une chambre à coucher, dite *accul*, où dort le maître du logis, où la renarde élève ses renardeaux. Celle-ci porte, comme la louve, environ neuf semaines ; elle donne le jour à quatre ou cinq petits vers les premiers jours d'avril.

Toute la nuit le renard rampe dans les buissons ou le long des haies, épiant les oiseaux endormis, les lièvres, les lapins, les mulots, les rats d'eau, jusqu'aux lézards et aux grenouilles. Sa bonne aubaine, c'est la rencontre d'un poulailler. Lorsque la proie fait défaut, pressé par la faim, il se rabat sur les fruits, les raisins, le miel. On n'a rien exagéré en vantant sa ruse.

Le *renard vulgaire* est de la grandeur d'un chien de médiocre taille. Il est d'une couleur fauve roussâtre, et porte une queue bien fournie que termine une touffe de poils blancs. Son museau est très effilé ; le derrière des oreilles est noir.

Le *renard bleu* ou *isatis* donne une fourrure estimée ; c'est son pelage d'hiver, qui est blanc, long, touffu et moelleux. L'été, il est gris noirâtre.

On trouve dans presque toutes les parties de l'Asie et de l'Afrique des animaux du groupe des *chiens*, qui, sans être tous d'une seule et même espèce, sont certainement du même genre. On les nomme *chacals*. Moins grands que le loup commun, mais plus grands que le renard vulgaire, ils vivent en troupes, et se logent dans des terriers. Voraces et nombreux, ils se repaissent d'animaux morts, et rendent le service, dans les pays chauds, d'en prévenir la rapide décomposition ; mais ils attaquent les moutons, les veaux, parfois même le gros bétail. Rarement ils deviennent dangereux pour l'homme. Le *chacal d'Algérie* est aujourd'hui connu de tout le monde. Cet animal s'apprivoise facilement comme un chien.

§ 10. — LES CHIENS DOMESTIQUES

On a dit et l'on répète encore : *Le chien est l'ami de l'homme*. Rien n'est plus vrai. C'est même un fait bien curieux que l'animal le plus anciennement et le plus fidèlement attaché à l'homme, celui qui s'associe le mieux à toutes les vicissitudes de l'existence humaine, soit précisément un de ces carnivores aux mœurs violentes. Oui, *l'ami de l'homme* est, par sa structure, une sorte de cousin germain du loup et du chacal.

Mais comme le chien a changé dans sa longue cohabitation avec l'homme ! Où est le chien dans sa forme primitive ? Où est le chien sauvage ? Nous ne le connaissons plus. On donne aujourd'hui le nom de *chiens sauvages*, non pas à des animaux qui ont conservé jusqu'à nos jours la forme première de l'espèce, mais à des chiens domestiques abandonnés dans des pays non habités et revenus forcément à la vie libre et sauvage. De génération en génération, leurs formes se sont écartées du type qu'avait créé chez leurs ancêtres la vie de domesticité. Ils ont pris peu à peu une ressemblance incontestable avec le loup ; mais qui oserait affirmer qu'ils aient repris l'aspect du chien sauvage primitif ?

Quoi qu'il en soit, ce que nous voyons aujourd'hui, ce sont des races très nombreuses, très variées et très dissemblables de chiens domestiques. On peut les répartir en dix groupes, comprenant chacun bien des races. Voici l'indication de ces groupes :

1° Ce sont d'abord les chiens de garde et de défense, les *mâtins*, grands chiens à museau pointu, à oreilles courtes rejetées en arrière et retombant vers l'extrémité. Les membres sont robustes, la queue pendante ou horizontale. Les principales races sont les *chiens de berger*, les *mâtins* proprement dits, les *grands* et les *petits danois*, les *danois mouchetés*, les *chiens des montagnes*.

2° Le deuxième groupe comprend, sous le nom de *lévriers*, les chiens de vitesse, les coureurs légers. Leur corps

Chien sauvage d'Amérique.

est effilé, haut de poitrine et évidé du ventre; les pattes grêles, longues et sèches, avec des épaules et des cuisses vigoureusement musclées. La tête s'allonge en une pointe très fine, et porte des oreilles comme celles des mâtins.

Les uns ont le poil long et rude, comme les *lévriers d'Écosse, de Kabylie, de Circassie;* les autres ont le poil ras et lisse et des tailles très variées; ce sont les *grands et petits lévriers,* les *lévriers ordinaires,* les *levrons* ou *lévriers d'Italie.*

3° Les *chiens-loups,* qui, d'après leur extérieur, seraient peut-être mieux nommés *chiens-renards,* sont des races de taille moyenne, reconnaissables à leurs oreilles courtes et dressées; à leur fourrure longue et touffue, surtout au cou; à leur nez pointu, mais peu allongé; à leur queue retroussée dès la base et roulée en cercle sur la croupe. Plusieurs d'entre elles montrent une aptitude remarquable pour le travail. Dans l'Europe occidentale, les *loulous,* ou *chiens-loups* proprement dits, sont les compagnons habituels des charretiers, des rouliers, des coquetiers; ils gardent, en l'absence du maître, voiture, chevaux et marchandises. Les *chiens des Esquimaux* sont les animaux de trait des régions glacées voisines du pôle Nord. Leurs attelages remplacent aux traîneaux les attelages de rennes, sous les climats désolés où ceux-ci ne peuvent plus vivre. Selon les régions, ces chiens de trait prennent les noms de *chiens de Sibérie, chiens du Canada, chiens d'Islande.*

4° Les *épagneuls* sont de beaux chiens dont la taille varie beaucoup, mais toujours caractérisés par des oreilles larges, longues et pendantes; un poil long, soyeux et médiocrement touffu, surtout vers l'arrière; la queue disposée en un beau panache; la tête assez longue et le museau épaissi vers le bout. Ces races, douces, dociles et ardentes, commencent la série des chiens de chasse; tels sont les *épagneuls français, anglais, écossais.* Les petites races sont des chiens de luxe et de fantaisie; tels sont les *king-charles,* les *bichons,* les *gredins,* les *épagneuls frisés,* etc.

5° Voici maintenant les chasseurs de marais et d'étangs; c'est le groupe des *barbets.* Le corps est robuste; sa hauteur moyenne est d'un demi-mètre. Tout l'animal est couvert de longs poils frisés ou ondulés. La queue est assez courte, la tête arrondie, et le museau court. Tous ces chiens aiment à barboter dans l'eau, et nagent fort bien. Plusieurs races de ce groupe sont remarquablement intelligentes. Je citerai les *caniches* ou *barbets* proprement dits, les *griffons*. Les chiens de *Terre-Neuve* sont très peu propres à la chasse; mais chacun connaît leur aptitude pour la nage et leurs instincts de sauvetage, si utiles parfois aux personnes menacées de se noyer.

6° Ce sixième groupe comprend les races de chiens de chasse à courre, ceux qui forcent la bête à la course; ce sont les *limiers*. L'usage auquel on les emploie exige des animaux légers et vigoureux. Le corps est robuste, les pattes fortes et longues, la tête allongée, le museau long, la gueule forte, les oreilles larges, longues et pendantes. Le poil est ras; la robe, blanche mêlée de noir, ou noire avec des points roux appelés points de feu. Ce sont des chiens hauts de quarante-six à cinquante-huit centimètres; tels sont les *chiens de Saint-Hubert* ou *bloodhounds* des Anglais, les *chiens courants*, les *renardiers*, les *beagles* ou *chiens à lièvre*, nommés *briquets* en France.

7° Le septième groupe, au contraire, sous le nom de *braques*, réunit les races de chasse à l'arrêt, les chiens qui se tiennent menaçants et immobiles, l'œil sur le gibier, jusqu'à ce que le chasseur leur donne le signal pour le lancer. Leur taille, qui varie peu, a quarante à quarante-sept centimètres de hauteur. Leur corps est vigoureux, avec des jambes fortes, mais peu allongées. Le museau est assez épais, mais tronqué; la tête est coiffée d'oreilles pendantes, moins larges et moins longues que celles des limiers. Les braques ont le poil ras, blanc taché de marron ou de fauve jaunâtre. Tout le monde connaît les *braques français*, les *pointers* des Anglais, etc.

8° Pour chasser sous bois, en se faufilant sous les fourrés, on emploie des chiens à jambes très raccourcies; ce sont les *bassets*, dont la hauteur ne dépasse guère trente centimètres, bien que leur corps conserve une longueur de cinquante à cinquante-cinq centimètres. Les oreilles sont longues et pendantes, le nez fin et long, les jambes courtes et trapues. Dans certaines races, celles de devant sont torses et comme contrefaites.

9° Les gibiers ou les animaux nuisibles qui habitent des terriers, ou seulement des trous, se chassent au moyen de chiens spéciaux que l'on nomme des *terriers*. Leur taille est petite ou médiocre (hauteur, trente-deux à quarante-deux centimètres); mais le corps est vigoureux et ramassé, avec des jambes fortes et assez courtes. La tête est ronde, surmontée d'oreilles dressées ou à demi pendantes, que l'on est dans l'usage de couper pour ne pas donner prise aux animaux qu'ils poursuivent dans le terrier. Le museau est gros et court. La robe est généralement jaspée de fauve, de gris et de noirâtre. Les uns sont à poil ras, les autres à poil long.

10° Vient enfin le groupe des chiens de combat, les *dogues*. Une singulière conformation du museau les caractérise; il est court, épais, et plus ou moins écrasé sur la face, avec des lèvres longues et pendantes. La gueule est d'une force extrême, et rien n'est plus difficile que de leur faire lâcher prise lorsqu'ils tiennent une proie ou un ennemi entre leurs dents. La tête est remarquablement ronde et courte, avec le front bombé et renflé sur les côtés. Cette tête est fixée sur un cou épais et court, qui s'attache à des épaules carrées et très larges. Les jambes, courtes et robustes, supportent un corps trapu, ramassé et charnu. Les dogues joignent à leur force un caractère querelleur, très hargneux chez les petites races, et souvent féroce chez les grandes. Chaque peuple a ses grands chiens de combat : tels sont les *grands dogues* de France; les *bull-dogs*, empruntés par nous aux Anglais, qui ont en outre leurs *english-mastiffs;* les *perros de presa* d'Espagne, etc. Parmi les petites races, tout le monde connaît les *doguins*, les *carlins,* les *roquets.*

Quelques peuples élèvent des chiens pour les manger;

ce sont alors des races spéciales. On observe des faits de ce genre en Chine et dans certaines îles de l'Océanie.

Enfin, à l'exemple de Buffon, on appelle *chiens des rues* une quantité d'animaux produits au hasard par des croisements de races distinctes, puis croisés encore entre eux, et chez lesquels on ne peut plus reconnaître aucun caractère précis d'une race établie.

Il est inutile de s'étendre ici sur le caractère et les instincts des chiens. C'est l'animal domestique par excellence. On l'a trouvé à peu près partout où il existe des hommes. Les indigènes de l'Amérique, lorsque le nouveau continent a été découvert, ne possédaient à peu près aucun de nos animaux domestiques; ils avaient cependant des chiens. Il en est de même des Australiens.

La chienne porte neuf semaines, et chaque portée se compose de huit, dix et parfois douze petits. La vie des chiens ne dépasse guère dix-huit à vingt ans; elle se termine le plus souvent à quatorze ou quinze.

§ 11. — LES CARNIVORES AMPHIBIES

L'ordre des *amphibies* comprend un nombre restreint d'espèces assez semblables entre elles. Leur conformation est en rapport avec leur régime alimentaire; ils se nourrissent de poissons de mer. Ce sont donc des carnivores marins; car il leur faut bien habiter là où ils trouveront leur proie favorite. Il ne leur suffirait pas de vivre sur les rivages, comme les loutres. Les espèces de poissons qu'ils recherchent se tenant au large, il faut les poursuivre à la nage; ce sont donc des carnivores nageurs. Leur corps n'a conservé de la forme des carnivores terrestres que la tête, l'encolure et les épaules. Le reste s'amincit peu à peu, à la manière d'un pain de sucre, et se termine par une queue très courte, le long de laquelle sont appliqués

les deux membres postérieurs. Les quatre membres sont
trop courts pour servir à la marche ; ils sont modifiés pour
la nage. Les membranes qui réunissent les doigts font des
quatre extrémités de véritables nageoires. Aussi ces ani-

Phoques communs abordant un rivage.

maux, qui à terre rampent par soubressauts embarrassés,
nagent avec une extrême aisance. Les membres postérieurs
sont plus profondément modifiés que les supérieurs. Raccourcis et dirigés en arrière, ils semblent devoir remplir à

5*

peu près l'office de la nageoire caudale chez les poissons. Cette conformation remarquable s'observe dans des espèces qui appartiennent à deux genres distincts : les *phoques* et les *morses*.

Les espèces de *phoques* sont nombreuses et répandues dans toutes les mers. Plusieurs d'entre elles atteignent une grande taille. La vie de ces animaux n'est pas exclusivement aquatique ; ils s'approchent fréquemment des rivages. C'est là qu'ils viennent se reposer ; c'est là que les femelles mettent bas et allaitent leurs petits. Mais ils sont si maladroits à terre, qu'ils ont besoin de rechercher des côtes désertes. Aussi se plaisent-ils surtout sur les rivages désolés et inhospitaliers pour l'homme et la plupart des animaux, sur les côtes glacées des régions polaires. Leur peau, leur graisse huileuse sont utiles à l'homme ; ce sont des objets de commerce d'une valeur importante. Aussi les chasse-t-on avec ardeur, même sur ces bords défendus par les glaces et les frimas. Chaque année de nombreux navires baleiniers américains, anglais, hollandais, français, norvégiens, russes et autres, poursuivent les phoques et les morses au voisinage de l'un et de l'autre pôle. Ils reviennent après de longues croisières, chargés de pelleteries, de barils d'huile et de dents de morses. On rencontre aussi des phoques dans l'océan Atlantique, dans la Méditerranée, dans la mer Caspienne, dans l'océan Indien, mais c'est seulement dans l'océan Glacial arctique ou antarctique qu'on les trouve réunis en troupes nombreuses. Dans les autres mers, ils sont isolés ; la chasse serait sans profit.

Les espèces les plus connues sont le *phoque commun* ou *veau marin*, le *phoque moine* ou *à ventre blanc ;* mais il en existe beaucoup d'autres. Les marins les désignent assez confusément par les noms de *lions marins, chiens de mer,* etc. Cette dernière dénomination est la seule qui exprime une idée juste. Les phoques sont véritablement des chiens, modifiés pour la nage.

Ils nomment *vache marine, cheval marin, bête aux grandes dents*, le *morse*, qui vit comme les phoques et dans les mêmes parages. Il s'en distingue par une particularité fort importante aux yeux des marins qui le chassent : il porte à la mâchoire supérieure deux énormes dents canines qui sont de véritables défenses. L'ivoire de ces défenses est un objet de commerce. Le morse se nourrit, dit-on, de plantes aquatiques aussi bien que d'animaux marins. On le trouve en troupes nombreuses sur les côtes des terres glaciales, et à terre on le prend sans peine ; mais il paraît qu'il est dangereux d'attaquer les morses en mer. On dit que toute la troupe se réunit alors pour défendre celui qui a été blessé, qu'elle entoure l'embarcation montée par les agresseurs, et ne tarde pas à la faire chavirer ; alors ils meurtrissent à coups de défenses les marins se débattant au milieu des flots. En résumé, le morse est recherché, comme les phoques, pour sa peau et sa graisse huileuse, et en outre pour ses dents, dont l'ivoire, inférieur à celui de l'éléphant, est cependant encore assez estimé.

CHAPITRE IV

LES RONGEURS

---

§ 1. — LES DENTS QUI RONGENT

Le cinquième ordre de la classe des mammifères est naturellement composé d'espèces en général de petite taille, se nourrissant de matières végétales et principalement de fruits et de racines; ce sont essentiellement des mammifères frugivores. Le nom de *rongeurs* rappelle leur manière de couper leurs aliments. Ils possèdent sur le devant de la bouche, en haut et en bas, une paire de dents incisives très fortes, qui ne cessent pas de pousser pendant toute la vie de l'animal, et qui s'usent en frottant énergiquement l'une contre l'autre. Elles se maintiennent ainsi toujours aiguisées en biseaux tranchants. A l'aide de ces dents incisives, les rongeurs frottent et liment, en quelque sorte, les matières auxquelles ils s'attaquent, quelle que soit leur dureté. Cela tient à ce que, chez tous, la mâchoire supérieure se prolonge plus que la mâchoire inférieure, et que celle-ci exécute sans peine un mouvement continu d'avant en arrière. C'est de cette façon qu'un écureuil, par exemple, ne casse pas une noisette pour manger l'amande; il l'use à l'une de ses extrémités, et fait assez rapidement dans le bois un trou par où il peut la tirer. On voit ainsi des rongeurs entamer sans peine les écorces et le bois. Ils recherchent avidement, pour la plupart, les végétaux frais. Leur bouche est munie, à chaque côté des deux mâchoires, de trois, quatre, cinq ou rarement six dents molaires, dures et à surface inégale comme celle d'une meule; c'est avec ces organes qu'ils mâchent soigneusement les substances végétales. Entre les deux incisives et la série des molaires, il existe toujours, des deux côtés de chaque mâchoire, un espace vide où la gencive est nue. Quelques espèces, comme les souris, les rats, se résignent, lorsque les végétaux leur manquent, à ronger de la viande; mais c'est sous l'empire de la nécessité.

Parmi les rongeurs, il en est qui vivent sur les arbres, d'autres qui se logent à terre dans des trous plus ou moins profonds; en tout cas, leurs doigts sont armés de griffes plus ou moins fortes.

Les espèces qui composent cet ordre forment une série nombreuse. Un trait de leur conformation partage naturellement cette longue série en deux sections. Beaucoup de rongeurs ont l'habitude de se poser fréquemment sur leur siège et leurs pattes postérieures, et, dans cette posture, elles se servent de leurs pattes de devant pour tenir certains objets et surtout leurs aliments. Chez ces rongeurs, les quatre membres ne sont pas uniformément consacrés à soutenir le corps et à le faire mouvoir; les antérieurs ont un usage qui leur est particulier, et qui rappelle de loin celui des mains. Aussi existe-t-il chez ces animaux des os clavicules bien développés pour élargir la poitrine et soutenir les épaules, lorsque l'animal saisit quelque chose entre ses deux pattes; ce sont des *rongeurs bien claviculés*. Les autres espèces, qui emploient leurs membres antérieurs à peu près aux mêmes usages que les postérieurs, ont des clavicules incomplètement développées, ou même n'en ont pas ; ce sont des *rongeurs mal claviculés*.

Dans la section des *rongeurs bien claviculés* se distinguent sept familles naturelles, qui renferment toutes des animaux connus des personnes étrangères à l'étude de l'histoire naturelle. Ce sont : les *écureuils*, les *marmottes*, les *loirs*, les *rats*, les *campagnols*, les *gerboises* et les *castors*.

La section des *rongeurs mal claviculés* contient trois familles naturelles : les *porcs-épics*, les *lièvres*, et les *cobayes* ou *cochons d'Inde*.

§ 2. — LES ÉCUREUILS

Gracieux, légers, ornés souvent de couleurs brillantes, les écureuils vivent à la manière des singes, au milieu des arbres. Ils courent et grimpent le long des branches. Leurs nids, formés de branchages et de menus débris de plantes, sont construits à quelque enfourchement de l'arbre. Ces jolis animaux, généralement d'assez petite taille, sont ornés d'une longue queue fournie de longs poils et formant comme un panache. Il n'existe en Europe qu'une seule espèce d'écureuil proprement dit. L'Asie, l'Afrique et les deux Amériques en possèdent un grand nombre. Plusieurs fournissent au commerce de belles fourrures.

L'*écureuil d'Europe* a le dos roux plus ou moins vif, et passant quelquefois au brun. Le ventre est plus clair. La queue est rousse. Un joli bouquet de poils roux surmonte chaque oreille. Commun dans la plupart de nos forêts, l'écureuil se fait remarquer par la vivacité de ses mouvements. En captivité, il ne perd rien de ses charmantes manières ; il aime à se tenir assis, s'abritant de sa queue, et portant à sa bouche quelque fruit ou quelque friandise. Parfois des individus de cette espèce varient de couleur et prennent une nuance d'un brun noirâtre ; d'autres tournent au gris. Les fourrures, assez estimées, connues sous le nom de *petit-gris*, sont celles d'une variété de cette espèce que l'on trouve dans les contrées septentrionales, en Laponie, en Russie, en Sibérie. On en fait un commerce très considérable. Les écureuils vivent de fruits qu'ils trouvent sur les arbrisseaux et sur les arbres, et aussi d'œufs de petits oiseaux, qu'ils sucent vivement.

L'écureuil d'Europe n'a pas le corps plus long que vingt centimètres, avec une queue de la même longueur. Mais, dans les espèces étrangères, il en est qui vont au double de ces dimensions; *l'écureuil de Malabar* est de la taille d'un gros chat.

Les espèces les plus remarquables de cette famille sont les *polatouches* ou *écureuils volants*. Ces animaux n'ont pas d'ailes, mais un repli de la peau des flancs s'étend du membre antérieur au membre postérieur. Cette espèce de voile soutient les polatouches dans les sauts rapides et hardis qu'ils exécutent au milieu des branches. Il existe un polatouche dans les forêts de la Pologne et surtout de la Russie. Une autre espèce habite l'Amérique du Nord. Ce sont toujours des animaux de petite taille.

§ 3. — LES MARMOTTES

Ce n'est ni l'agilité ni la vivacité des mouvements qui distingue les *marmottes*. Leur corps épais et leurs jambes courtes se meuvent lourdement. On est souvent porté à croire qu'elles dorment presque continuellement; c'est une erreur. Leur renommée de somnolence vient de leur habitude de dormir pendant l'hiver. Ce sont des animaux *hibernants*. Durant la belle saison, elles vivent de fruits, de racines, d'œufs lorsqu'elles en rencontrent. Dès le mois de septembre elles préparent leur retraite pour l'hibernation. A cette époque, elles se réunissent et font en commun un approvisionnement de foin et de mousse pour garnir chaudement leur logis et calfeutrer les moindres fentes. Elles ont soin de faire bien sécher ces matériaux au soleil avant de les employer. Lorsque tout est prêt, elles se retirent dans leur cachette, puis elles en ferment soigneusement l'entrée, et y dorment pendant six mois. Cette retraite leur sert encore d'abri et de refuge en été. L'espèce commune est de la taille d'un lapin. Son poil est long et touffu, d'une couleur gris foncé. La queue est courte et bien garnie. Ces animaux habitent les régions élevées des hautes montagnes de l'Europe, Alpes, Pyrénées, Carpathes, Balkans. On les trouve jusqu'au voisinage immédiat des glaces et des neiges perpétuelles. On emploie la pelleterie de la marmotte commune comme fourrure de bas prix. Les montagnards mangent sa chair; mais elle a un goût sauvage peu agréable. En captivité, c'est un animal très doux, très facile et qui mange de tout. L'Asie et l'Amérique septentriona'e possèdent d'autres espèces de marmottes.

§ 4. — LES LOIRS ET LEURS RAVAGES PARMI LES FRUITS

Trois espèces de *loirs* habitent la France et les pays voisins. Ce sont : le *loir ordinaire*, le *lérot* et le *muscardin*. Ils sont plus petits que les marmottes et même les écureuils. Les fruits sont leurs aliments de prédilection, surtout les fruits charnus de nos espaliers.

Le *loir* est un peu plus petit que le rat surmulot; il est brun-cendré en dessus, blanc en dessous; une tache foncée entoure l'œil. Il habite le midi de l'Europe, et n'est pas rare dans la France méridionale. Les gourmets romains recherchaient sa chair comme un mets fort délicat. On en élevait beaucoup pour satisfaire leurs goûts, à peu près

comme nous élevons des lapins. C'est après la saison des
fruits, au moment où ils vont s'endormir pour tout l'hiver, que les loirs, engraissés et bien nourris, étaient le
plus recherchés. Aujourd'hui cette fantaisie est tout à fait
oubliée, et, sauf quelques pauvres paysans, on ne mange
pas une chair dont le goût paraît généralement désagréable.
Le loir ordinaire habite surtout les bois.

Mais il n'en est pas de même du *lérot*. Celui-ci est un
joli petit animal, presque de la taille du loir. Son pelage,
gris en dessus, est remarquablement orné d'une grande
tache noire qui naît près des moustaches, remonte vers
l'œil, l'entoure, passe au bas de l'oreille, et vient se terminer sur les côtés du cou. Le front est marqué, des deux
côtés, d'une autre tache noire plus petite. Entre elles deux
passe une bande blanche. La queue, à peu près longue comme
le corps, est fauve, avec le bout noir en dessus et blanc en
dessous. C'est un pillard importun de nos fruits. Il s'ins-
talle, au voisinage des jardins et des vergers, dans des
trous de murs. Il y dort le jour et l'hiver; mais en été, dès
le crépuscule il se met en campagne. Il se promène sur les
arbres fruitiers, et particulièrement sur les espaliers de
pêchers et d'abricotiers, et là il se régale à belles dents.
Cet animal nuisible habite toute l'Europe tempérée.

Le *muscardin*, vulgairement appelé *croque-noix*, est plus
petit que le loir et le lérot. Il vit dans les bois de presque
toute l'Europe. Sa couleur est d'un fauve roussâtre, avec
le dessous du corps d'un blanc sale.

§ 5. — LES RATS DE VILLE ET LES RATS DES CHAMPS

Les deux familles des *rats* et des *campagnols* constituent
deux groupes en quelque sorte analogues; mais, tandis que
les rats vivent presque tous dans le voisinage de l'homme,

ou même chez lui, les campagnols sont, comme leur nom l'indique, des campagnards, des habitants des champs.

Les principales espèces de rats sont le *surmulot*, le *mulot*, *le rat noir*, la *souris*. Leur histoire offre des faits bien curieux de migrations lointaines. Le surmulot et le rat noir, parasites incommodes de nos habitations, nous ont suivis presque partout. L'époque de l'arrivée de ces deux espèces d'immigrants est bien connue. La souris était la seule espèce de rat domestique qui vécût en Europe du temps des Grecs et des Romains. C'est au moyen âge seulement que s'y est établi le rat noir, venant probablement de l'Asie occidentale. Puis, au commencement du XVIIIe siècle, le surmulot, plus grand et plus fort, s'est montré à son tour, a envahi les domaines du rat noir, et l'a remplacé dans beaucoup d'endroits. Les relations maritimes des Européens avec tous les points du globe ont importé ces animaux dans la plupart des ports marchands de l'Afrique, de l'Amérique et de l'Australie. Les autres espèces du genre rat qui ont continué à vivre non loin de l'homme, mais hors de ses demeures, sont assez variées ; on leur donne souvent le nom général de *mulots*. On en connaît en France trois espèces : le *mulot* ou *rat des bois*, le *rat champêtre* ou *mulot des champs*, le *rat des moissons*. Ces trois espèces ont des tailles peu différentes de celle de la souris.

Le *surmulot* est le plus grand des rats qui vivent en Europe. Il est de moitié supérieur au rat noir. On trouve des surmulots dont le corps, du bout du museau à la base de la queue, a jusqu'à vingt-cinq et vingt-sept centimètres de longueur; dont la tête seule n'a pas moins de six centimètres. Le pelage est d'un brun roussâtre. Cet animal ne recule devant aucun travail pour se procurer sa subsistance. Il perce les murailles; il soulève les pavages. Comme il est très commun, et qu'il multiplie avec une extrême rapidité, il n'est pas rare de voir des troupes de surmulots envahir, pour ainsi dire, les magasins et y produire d'irréparables

dommages. Ces animaux se nourrissent à peu près indiffé-
remment de substances végétales ou animales, de graines,
de racines, de viande, de fromage, etc. La patrie du surmulot est en Asie ; il est originaire des parties méridionales
de l'Inde et de la Perse. Importé en Europe sans doute par
des navires, il a paru en Angleterre d'a'ord, où l'on en a
constaté l'existence dès 1730. En 1750 on la constatait en
France. Se répandant de proche en proche, il a paru en

Le surmulot.

Russie et en Sibérie à la fin seulement du xviiie siècle. Les
navires l'ont transporté depuis ce temps en Amérique, en
Afrique, en Australie.

Avant l'invasion du surmulot, on ne rencontrait dans
nos habitations, outre la souris, que le *rat noir*. On lui
donnait habituellement le nom de *rat domestique*, ou simplement le nom de *rat* d'une façon absolue. Il est plus
petit que le surmulot (longueur du corps, sans la queue :

dix-neuf à vingt centimètres). Aussi peut-il pénétrer dans bien des retraites où celui-ci ne peut entrer. Sa couleur est d'un noir cendré. Il est aujourd'hui devenu rare en France, surtout à Paris. Les chats chassent avec succès les rats noirs ; mais la plupart sont trop faibles pour s'attaquer aux surmulots, surtout lorsque ceux-ci, comme cela est fréquent, sont réunis plusieurs ensemble. En peu de temps le chat serait réduit à s'échapper pour ne pas succomber. Aussi, pour détruire les bandes innombrables de prétendus rats, c'est-à-dire de surmulots, qui peuplent les égouts, les abattoirs, les lieux de vidange d'immondices, les magasins des ports, on organise de véritables battues avec le secours de chiens petits-terriers que l'on a coutume d'appeler des *ratiers*. Cette chasse, que l'on pratique souvent la nuit aux flambeaux, est un spectacle très curieux, et l'on y a toujours remarqué avec quel courage les bataillons de surmulots font tête à la bande des chiens ratiers. Ceux-ci sortent du combat tout sanglants de coups de griffes et de coups de dents; mais le massacre des surmulots est prodigieux.

Le petit rongeur domestique que les anciens latins appelaient *mus*, n'est pas, comme on le voit, le rat, mais la *souris*. Ainsi la fameuse fable *le Rat de ville et le Rat des champs* se passe en réalité entre une souris et un campagnol, ou tout au moins un mulot des champs. La souris est beaucoup plus petite que le rat noir, et par conséquent que le surmulot. La longueur de son corps est seulement d'environ neuf centimètres, et sa queue est presque aussi longue. Son poil est d'un gris brun. Il n'est pas rare d'en rencontrer une variété qui est entièrement blanche. La souris, qui répugne à certaines personnes et fait même peur trop souvent, est en réalité un petit animal assez joli, inoffensif, doux et facile à apprivoiser. Mais c'est pour nos maisons un hôte incommode, car elle ronge tout, aussi bien que le rat; elle a même une tendance très fâcheuse à ronger le linge, les papiers et les livres. Elle a été transportée par les navires européens sur la plupart des points du globe où le commerce les conduit habituellement.

Il existe dans l'Inde et aux Antilles des espèces de rats encore plus grandes que le surmulot. Celles-là s'attaquent aux jardins, et même aux poulaillers, où elles dévorent les poussins. On trouve en Algérie une espèce rayée longitudinalement de huit ou neuf bandes foncées. C'est le *rat de*

Gerboises gerboas.

Barbarie, commun dans les champs aux environs d'Alger, de Bône et d'Oran.

C'est encore en Algérie que l'on rencontre une espèce fort curieuse de rat sauteur, appelé *jerbuah* par les Arabes, d'où l'on a fait *gerboa*, comme nom français, et *gerboises* pour désigner le genre auquel cette espèce appartient. C'est un animal un peu plus petit que le rat noir. Sa queue, terminée par de longs poils disposés comme l'empennure d'une tête de flèche, lui a fait donner aussi le nom de *rat-flèche*. Comme les vrais mammifères sauteurs, les gerboises ont les membres antérieurs très courts, et les membres postérieurs très allongés et pourvus de cuisses vigoureuses.

Le *hamster* et les *campagnols* sont deux genres de rats des champs. Le premier est représenté en Europe par une espèce que l'on rencontre communément depuis les bords du Rhin jusqu'en Sibérie et dans l'Asie tempérée. On le nomme parfois *marmotte d'Allemagne;* c'est le *hamster commun*. Il est de la taille du surmulot, mais son pelage est plus orné. C'est une robe d'un gris rougeâtre sur le dos, noire en dessous et sur les flancs, avec trois taches blanchâtres de chaque côté, une autre sous la poitrine, et une cinquième sous la gorge. Habitant d'un terrier à double issue et composé de galeries souterraines compliquées, il y emmagasine pour l'hiver des provisions de racines, de grains, de céréales, qu'il apporte dans les poches ou abajoues dont sa bouche est pourvue. C'est un fléau pour l'agriculture.

Du reste, il faut en dire autant des *campagnols*. Plusieurs espèces de ce genre vivent dans nos bois et surtout dans nos champs. Ils commettent des dégâts on ne peut plus préjudiciables aux cultures. On les confond très souvent avec les espèces du genre rat que l'on distingue vulgairement sous le nom de mulots, parce que les tailles de tous ces animaux diffèrent assez peu. Cependant il y a un caractère extérieur qui établit sans peine la distinction. Les mulots, comme les autres rats, ont la queue grêle, cylindrique et à peu près complètement dépourvue de poils. Les campagnols ont, au contraire, la queue velue.

L'espèce la plus commune est le *campagnol ordinaire* ou *petit rat des champs*. Il se rencontre, dans les champs cultivés, par toute l'Europe. Précédant les moissonneurs, ces animaux malfaisants coupent la tige des céréales pour faire tomber l'épi. A défaut de céréales, ils dévorent les jeunes

trèfles; plus tard, ils dévastent les champs de carottes.
Enfin ils vont se réfugier, l'hiver, dans les meules de blé,
où on les trouve souvent en très grand nombre. Le campagnol ordinaire est un peu plus grand que la souris (longueur du corps seul, trois centimètres; queue, trois
centimètres). Il est d'un gris jaunâtre en dessus, blanc en
dessous.

On trouve encore en quelques points de la France : le

Le capromys congo, houtia congo ou chemis.

campagnol fauve, un peu plus petit que le précédent, et qui
creuse ses galeries au bord des ruisseaux ; le *campagnol des
prés* ou *rat économe,* très commun en Russie et en Sibérie.
Ce dernier est remarquable par l'art avec lequel il construit sa demeure souterraine et par l'abondance des magasins où il met des provisions en réserve. Le rat économe
entreprend de temps à autre de vastes émigrations. On en
a souvent rencontré des troupes innombrables traversant

diverses parties de l'Asie septentrionale et de l'Europe orientale.

Enfin il faut encore parler d'une grande espèce à mœurs aquatiques, commune le long de nos canaux, de nos petites rivières et de nos étangs; c'est le *rat d'eau*, campagnol aquatique plus grand que le rat noir (longueur du corps, quinze centimètres; queue, neuf centimètres), et d'une couleur gris noirâtre. Il vit dans les berges des étangs, des rivières et des canaux, où il creuse sa retraite: il se nourrit de racines et aussi de petits poissons.

La Laponie et la Norvège nourrissent, sur les bords de la mer Glaciale, les *lemmings*, animaux très voisins des campagnols, et sujets à de curieuses émigrations, comme le rat économe. La Sibérie possède une autre espèce qui fouit à la manière des taupes et se nourrit surtout d'oignons sauvages; c'est le *zocor*, vulgairement nommé *rat-taupe*. Les *capromys,* de l'île de d'Haïti et de Cuba, sont de grands rats nommés *houtias* par les colons. Ils sont à peu près de la taille d'un lapin. Ils ont été longtemps estimés par les indigènes comme un gibier savoureux.

§ 6. — LES CASTORS

Voici une espèce aussi intéressante par ses curieux instincts de construction que par l'utilité de sa fourrure et par la matière grasse odorante qu'elle fournit à la médecine. Le *castor du Canada* est une espèce jusqu'ici isolée dans son genre. A peine une ou deux espèces étrangères viennent-elles se ranger près de lui dans la sous-famille qu'il représente, car on ne peut le grouper dans aucune autre. Il se distingue de tous les autres rongeurs par sa queue aplatie horizontalement, comme une sorte de palette, et couverte, au lieu de poils, d'écailles cornées dont l'aspect rappelle celles des poissons. Les castors sont de grande taille (longueur du corps seul, soixante-cinq centimètres). Leur corps, lourd et ramassé, est porté sur des jambes courtes. Leurs griffes sont fortes et propres à fouir la terre; les doigts des extrémités postérieures sont réunis par une membrane ou palmature afin de pouvoir servir à nager. Leur bouche est armée en avant de quatre incisives extrêmement fortes, placées, comme chez tous les rongeurs, deux en haut, deux en bas. Sous la base de la queue, deux grosses glandes sécrètent une matière grasse et d'une odeur fétide appelée *castoreum*. De la glande naissent des conduits sinueux qui versent au milieu des poils cette sorte de pommade aromatique. Le castoreum est employé en médecine contre les maladies nerveuses.

L'espèce du castor habite les régions septentrionales de l'Europe, de l'Asie et de l'Amérique; mais elle est devenue rare en Europe. En France, il en existe quelques individus le long des rives du Rhône. On leur donne le nom de *bièvres*. Bien que les castors d'Europe, d'Asie et d'Amérique paraissent être d'une seule et même espèce, leurs mœurs diffèrent un peu. En Europe, ils vivent dans des terriers le long des cours d'eau, et montrent une certaine industrie à les bien disposer. Ceux d'Asie ont été moins bien observés, mais semblent avoir à peu de chose près les mêmes habitudes. C'est en Amérique que ces animaux se montrent des constructeurs singulièrement habiles. Pendant l'été, ils vivent isolés dans des terriers comme ceux d'Europe et d'Asie. Mais l'hiver ils se réunissent par bandes de deux à trois cents, et cette sorte de population se construit un village de huttes, dans une contrée bien solitaire, sur les rives d'un lac ou d'une rivière assez profonde pour que les eaux ne gèlent pas facilement sous ce climat rigoureux. Ils recherchent des eaux courantes, parce qu'elles leur servent à transporter leurs matériaux de construction, qui sont surtout des morceaux de bois. Partagés en groupes de trois ou quatre familles, ils se construisent des huttes ovales en forme de cloche. Elles sont faites de branchages consolidés avec des pierres et du limon, et se composent de deux étages. Le supérieur est au-dessus du niveau des eaux, et sert à loger les animaux propriétaires de la hutte. L'inférieur, submergé constamment, est le magasin à provisions, où sont les écorces, les racines, les bois tendres dont se nourrissent les castors. Il n'y a pas d'ouverture extérieure à l'étage supérieur ; on n'y pénètre que par un trou intérieur communiquant avec l'étage submergé. Celui-ci, au contraire, a une porte d'entrée placée sous l'eau, du côté opposé au rivage ; les habitants y rentrent à la nage et en plongeant. Ainsi conçues, les huttes des castors exigent que le niveau de l'eau ne change pas durant l'hiver. Ils ont eu soin d'y pourvoir. Au-dessous de leur village ils ont élevé, dès le début des travaux, une digue en talus, large de trois à quatre mètres à sa base, disposée en un arc de cercle dont la convexité est tournée contre le courant. Ainsi est ménagé pour les huttes un bassin à niveau constant. Ce travail n'est pas exécuté parmi les compagnies de castors qui ont choisi pour s'établir une eau stagnante ; il serait sans objet. Les outils employés pour ces travaux étonnants sont les dents et les griffes ; la queue ne leur sert que pour nager. Toutes ces constructions ne servent pas pour une seule saison ; au contraire, les castors y reviennent chaque hiver, et se bornent à les remettre en état.

Le pelage de ces animaux est d'un brun roussâtre uniforme, parfois d'un beau noir, quelquefois blanc ; mais il est toujours garni, sous le poil long, d'un duvet laineux grisâtre, fin, moelleux, et assez gras pour ne pas se mouiller. Cette fourrure est très recherchée ; on se la procure par une chasse active qui amène la destruction progressive de ces pauvres animaux. Chaque année, les chasseurs en livrent au commerce cent cinquante à deux cent mille peaux.

§ 7. — LES LIÈVRES ET LES COCHONS D'INDE

Auprès des *lièvres* et des *lapins* se groupent naturellement plusieurs genres de rongeurs à clavicules rudimentaires, ou complètement privés de clavicules. Les plus remarquables sont les *porcs-épics* et les *cobayes*.

Quant aux lièvres et aux lapins, ce sont des animaux trop semblables pour ne pas être réunis dans un seul et même genre, auquel on donne le nom des *lièvres*. Malgré leur grande ressemblance extérieure, ces animaux diffèrent beaucoup par leurs mœurs.

Animal de plaine et essentiellement coureur, le lièvre ne se creuse point de terrier comme le lapin. Il se tapit en un gîte, dans le moindre repli du sol; suivant les saisons, il le déplace au gré de ses convenances. Enfin on trouve des lièvres dans toutes les contrées de l'Europe, aussi bien au nord qu'au midi. La vie du lièvre est une série continuelle d'alarmes et de tribulations. La Fontaine l'a décrit en vrai naturaliste dans sa fable *le Lièvre et les Grenouilles*. Craintif à l'excès, le lièvre est extrêmement rusé pour sa sûreté; il court très vite et sait fort bien, par ses circuits habilement calculés, dérouter l'ennemi qui le poursuit. Cet animal ne vit pas plus de huit à neuf ans. Chacun connaît son pelage gris jaunâtre, finement tacheté de brun en dessus, ses jambes postérieures, plus longues que celles de devant, sa queue courte et retroussée, et ses deux longues oreilles. La longueur du lièvre est de quarante-cinq à cinquante centimètres. Son pelage varie beaucoup selon les localités.

Le *lapin* est un peu plus petit que le lièvre, au moins à l'état sauvage. Il a les oreilles moins longues proportionnellement. Il est gris, mêlé de fauve et de noir, avec la poitrine et le ventre blancs. Il est aussi propre à la domestication que le lièvre y est rebelle; aussi existe-t-il plusieurs races de *lapins domestiques* ou *clapiers*. On en distingue surtout trois : les *lapins gris*, les *lapins riches* ou *argentés*, et les *lapins d'Angora*, à fourrure longue, épaisse, brillante et légèrement frisée.

A l'état de liberté, les lapins creusent la terre avec leurs griffes, et s'y construisent des terriers à plusieurs issues et souvent assez étendus. Ils vivent dans les bois, d'où ils sortent la nuit pour courir la plaine voisine; mais ils rentrent avant le lever du soleil. Ces animaux sont originaires de l'Espagne et peut-être de la Grèce. De cette première patrie ils se sont répandus peu à peu en France, en Allemagne, et en général dans l'Europe tempérée, mais jamais dans le Nord. Ils ont successivement gagné l'Asie Mineure, la Syrie, la Perse, et, en Afrique, l'Algérie, Tunis, Tripoli, le Maroc. Il n'existe qu'à l'état domestique en Suède, en Norvège et dans le nord de la Russie.

Les lapins et les lièvres se nourrissent de feuilles, d'herbes, de racines, de légumes, de fruits, de jeunes pousses et d'écorces tendres. Ce genre de régime les conduit à faire dans les cultures des dégâts fâcheux. Les lièvres, moins protégés par leurs mœurs, chassés obstinément, sont en général trop peu nombreux dans nos pays pour que l'on s'aperçoive de leurs méfaits; mais il en est autrement des lapins. Abrités sous les bois, sauvés de bien des poursuites par leurs terriers, ils pullulent, et ils dévastent les lisières des forêts. Dans plusieurs pays, en France, on donne au lapin le nom de *conil*, et à la lapine celui de *hase*, qui d'ailleurs est appliqué plutôt à la femelle du lièvre.

Les pelleteries de lièvre et de lapin sont fort employées dans l'industrie. Le feutre, qui originellement se fabriquait avec du poil de castor ou de chameau, se fait surtout maintenant avec des poils de lièvre et de lapin. On élève, spécialement pour la chapellerie, beaucoup de lapins à poil fin et pourvu de duvet.

On trouve en Algérie un singulier animal dont nous ne connaissons guère que les longs piquants annelés largement et régulièrement de blanc et de noir, que l'on emploie comme manches de plume et manches de pinceau. C'est le *porc-épic d'Europe*, commun dans l'Italie méridionale, en Espagne, en Grèce et aussi dans l'Inde. C'est un des grands rongeurs que nous connaissions (longueur du corps, soixante-dix centimètres). Il a le museau

Chinchillas.

fort épais et obtus, un corps lourd et ramassé, une queue courte et à peine visible; mais ce qui rend cet animal on ne peut plus bizarre, c'est la singulière armature de son dos. Sur la tête et la nuque se dresse t de longs crins serrés, et qui vont en augmentant de longueur et d'épaisseur d'avant en arrière. Sur le dos et sur la partie postérieure des flancs, ces poils, énormément grossis, deviennent les piquants que l'on connaît, et il y en a jusque sur la queue. Lorsqu'on irrite l'animal, il hérisse ses piquants pour se défendre. Les porcs-épics vivent dans des terriers; ils se nourrissent à peu près comme les lièvres, et affectionnent les fruits. Les *coendous*, rongeurs conformés pour grimper sur les arbres, et armés de piquants moins longs, représentent en Amérique les porcs-épics de l'ancien continent.

Que dire des *cobayes* ou *cochons d'Inde,* qu'une fantaisie inexplicable a domestiqués pour en faire le plus inutile de nos commensaux et certainement le moins intelligent? On croit que ces animaux stupides ont été importés du Brésil et descendent de l'*apéréa*, petit rongeur très commun dans ce pays et au Paraguay. On le chasse, dit-on, comme un bon gibier. Cependant, en Europe, la chair du cochon d'Inde est fade et peu agréable. Rien n'est varié comme le pelage des cobayes domestiques; l'apéréa est uniformément d'un gris roussâtre sur le dos, avec le ventre blanc, ainsi que la poitrine. Plusieurs espèces américaines, de plus grande taille, se groupent en quelques genres qui méritent d'être cités; ce sont, par exemple, les *agoutis*, gibiers estimés de l'Amérique centrale et méridionale et des Antilles; les *cabiais*, excellents, mais gros gibiers de la Guyane et du bassin de l'Amazone; les *pacas*, non moins recherchés des chasseurs aux Antilles et dans plusieurs parties de l'empire du Brésil.

On peut rapprocher des lièvres certains animaux de l'Amérique méridionale que leur fourrure a fait connaître en Europe; ce sont le *chinchilla* et la *viscache*, rongeurs à poils longs, souples et soyeux. Le pelage du chinchilla est gris-perlé, ondulé de blanc sur le dos, et très clair en dessous; il est remarquablement long, léger et floconneux. Cet animal a la taille d'un de nos lièvres; mais la tête, à oreilles arrondies, rappelle celle de l'écureuil. La queue est assez longue et touffue. Les chinchillas habitent les pays de montagnes, et y vivent dans des terriers. Ils s'habituent facilement à la captivité, et s'y montrent gais et fort doux. Les viscaches terrent, au contraire, dans les plaines. Elles abondent dans les environs de Buenos-Ayres. Un singulier instinct les pousse à rapporter aux bords du trou de leurs terriers les branches, ossements et menus objets qu'ils rencontrent. Il en résulte que, dans leur pays, c'est à leur trou qu'on vient chercher la plupart des petits objets perdus. Leur fourrure, analogue à celle des chinchillas, est employée de même, c'est-à-dire comme garnitures de vêtements de dames.

CHAPITRE V

LES MAMMIFÈRES A SABOTS

QUI RUMINENT

---

§ 1. — LES ONGLES, LES GRIFFES ET LES SABOTS

Les mammifères ont, ainsi que l'homme, une production cornée sur la dernière phalange de chaque doigt, à chaque extrémité.

Chez l'homme, c'est une lame cornée aplatie, recouvrant la face supérieure de la dernière phalange; on l'appelle un *ongle*. Cette disposition existe chez les singes. Déjà, chez les lémuriens ou makis, l'ongle du doigt indicateur des membres postérieurs est allongé et un peu recourbé, de façon à ressembler à une *griffe*.

Les galéopithèques et les cheiroptères, les insectivores, les carnivores, les amphibies, les rongeurs, les édentés (dont il sera parlé plus loin), ont la lame cornée de la dernière phalange des doigts conformée en *griffe;* c'est-à-dire qu'elle n'est plus aplatie et appliquée sur la chair. Comprimée sur les côtés, de façon à former une saillie longitudinale, elle se recourbe en arc de cercle pour se terminer par une pointe tantôt usée et arrondie, tantôt, comme chez les chats, crochue, tranchante et très aiguë.

Chez les animaux dont je viens de parler, on observe un caractère commun (qu'ils possèdent un *ongle* véritable ou une *griffe*) : c'est que la lame cornée existe seulement à la face extérieure ou, si l'on veut, supérieure de la dernière phalange ; le reste est charnu et recouvert par une peau molle et nullement cornée.

Tous les animaux dont les doigts ont cette disposition peuvent les employer à des usages spéciaux, outre la marche ou la course. Les ongles des singes, comme ceux des hommes, soutiennent l'extrémité charnue du doigt, lui donnent une certaine fermeté élastique, et le rendent plus propre à s'appuyer sur les corps pour les saisir. Les griffes des autres mammifères énumérés ci-dessus sont de véritables instruments ajustés au bout des doigts ; ils servent à s'accrocher aux écorces des arbres, à saisir les aliments, à déchirer une proie, à combattre un ennemi, à creuser la terre, etc. En un mot, chez les animaux pourvus d'ongles ou de griffes, l'extrémité du membre n'est pas seulement un support, un bout qui pose sur le sol ; elle a des usages plus ou moins restreints, qui rappellent ceux des mains. Tous ces mammifères dont les doigts portent des ongles ou des griffes, et chez lesquels la chair de la dernière phalange n'est pas revêtue de corne en dessus, sont désignés sous le nom de mammifères *onguiculés*. Ce nom est tiré du mot latin qui signifie *ongle* ou *griffe*.

Chez les mammifères qui vivent de végétaux, qui ne montent pas sur les arbres pour les chercher, et qui ne fouissent pas le sol pour s'y abriter, l'extrémité des doigts est autrement conformée. Toujours en contact avec le sol, supportant toujours le poids du corps, elle est protégée et raffermie par une sorte de chaussure en corne, que l'on a fort justement nommée un *sabot*. Le sabot est formé d'abord de la lame cornée adhérente à la partie supérieure de la dernière phalange ; cette partie, qui fait fonction d'em-

peigne, se nomme la *muraille* du sabot, elle se présente
en avant de cet organe. Celui-ci est complété en dessous
par une couche cornée moins dure, sorte de semelle du
sabot, que l'on appelle la *sole*. On a ainsi une véritable
chaussure cornée recevant toute la dernière phalange. Les
mammifères ainsi chaussés ne peuvent plus employer leurs
doigts qu'à se soutenir sur le sol ; ils sont spécialement
terrestres, marcheurs et coureurs. On leur donne le nom
de mammifères *ongulés ;* ce nom a pour origine le mot
latin qui désigne le sabot du cheval. Il veut donc dire :
mammifères à sabots.

La série des mammifères ongulés comprend naturellement nos bêtes de somme, nos animaux de trait, nos
montures. Elle est composée d'espèces qui se nourrissent
plus ou moins exclusivement de végétaux, et surtout de
parties herbacées. Beaucoup d'entre elles *ruminent* leurs
aliments, et leur conformation offre, en raison de ce fait,
des traits particuliers. Les autres, moins herbivores, se
nourrissant de grains, de fruits, de racines, quelques-unes
même y mêlant un peu de chair, sont d'une conformation
plus variée. Elles se ressemblent beaucoup moins uniformément entre elles que ne se ressemblent les *ruminants.*
Bien qu'on ait réuni dans un même ordre, sous le nom de
pachydermes (animaux à cuir épais), ces mammifères à
sabots qui *ne ruminent pas*, il y a plutôt entre eux une
succession de petits groupes ou familles naturelles.

D'abord se présentent les *éléphants* ou *pachydermes à
longue trompe ;* puis les *rhinocéros*, les *hyppopotames*, les *tapirs*, les *sangliers* et les *chevaux* ou *solipèdes.* Il est bien
vrai que ces animaux ont en général le cuir épais, le poil
peu fourni, souvent grossier, ou même la peau à peu près
nue ; mais ils ne sont pas les seuls à présenter ce caractère, et c'est là une ressemblance bien légère à côté de
différences très marquées, qui distinguent ces petites familles les unes des autres. En un mot, l'ordre des pachydermes est un groupe de convention admis par les natura-

listes; mais ce n'est pas un groupe formé par la nature elle-même.

§ 2. — LES RUMINANTS

Qu'appelle-t-on *ruminer?* C'est vraiment un acte bien singulier. Avaler d'abord la nourriture grossièrement coupée ; puis la ramener, par une sorte de demi-vomissement, dans la bouche, et l'y mâcher lentement, jusqu'à la réduire en une pâte liquéfiée par la salive et coulante comme une purée délayée : voilà pourtant ce que font les ruminants, et ce qui les distingue en réalité de tous les autres mammifères; mais nous ne parlons ici que de ce qui se passe dans la bouche. Que se passe-t-il en même temps dans le corps? Pour avaler deux fois, l'animal a-t-il deux estomacs? On pourrait presque dire qu'il en a quatre. Les ruminants n'ont en réalité qu'un seul estomac; mais, au lieu de former, comme chez les autres mammifères, une poche unique, cet estomac est divisé en quatre poches inégalement grandes, et dont voici les noms : *panse* ou *herbier, bonnet, feuillet* et *caillette.* Lorsqu'un bœuf, par exemple, broute et avale au fur et à mesure l'herbe coupée, celle-ci va dans la *panse;* puis elle passe par petites masses et successivement dans le *bonnet,* petite cavité placée à côté de la panse. Le bonnet prépare les boules d'herbe que le bœuf, en tendant le cou, fait revenir dans sa bouche. Après la lente et minutieuse mastication que l'animal lui fait subir, la boule d'herbe réduite en un liquide épais passe vers la gorge, est avalée de nouveau, et coule ainsi vers l'estomac. Mais comme la panse a un orifice en fente et non en trou arrondi, la purée d'herbe n'en écarte pas les bords et continue jusqu'à l'orifice du *feuillet,* qui est placé non loin de là. C'est dans le *feuillet* et dans la *caillette* que se fait la digestion. Lorsque le veau tette, le lait

se conduit de même ; il n'entre pas dans la panse, mais va
immédiatement au feuillet et à la caillette. Cette compli-
cation de l'estomac, qui est une partie essentielle des organes digestifs, s'explique facilement par la nature des
aliments dont usent les herbivores. L'herbe et les feuilles,
par leur composition et leur organisation, sont les matières
les plus éloignées de la viande. C'est avec cela cependant
que le bœuf, le veau et le mouton font la viande de boucherie. Il faut évidemment un appareil plus compliqué et
une opération plus longue pour transformer de l'herbe en
viande qu'il n'en faut à un loup ou à une panthère pour
faire, après tout, de la viande de carnivore avec de la
viande d'herbivore. Aussi les ruminants n'ont-ils pas seulement un quadruple estomac, mais leurs boyaux ou intestins sont jusqu'à sept fois plus longs que ceux des carnivores.

Les dents des ruminants sont conformées pour brouter,
et pour mâcher ensuite avec une puissance extrême. Sur
le devant de la bouche, aucune dent à la mâchoire supérieure, huit dents incisives bien coupantes à l'inférieure.
C'est la faucillle pour faire l'herbe. La langue la saisit et
l'amène sur le coupant des incisives; avec un petit coup de
tête de bas en haut, l'animal la coupe sans peine. Il n'y a,
dans cette disposition, que peu d'exceptions à noter. Les
chameaux et les lamas ont à la mâchoire supérieure deux
dents incisives, assez peu développées d'ailleurs. Après les
incisives, la mâchoire des ruminants présente un grand
vide où les gencives sont dépourvues de dents (il n'y a pas
de dents canines dans la plus part des espèces). Le fond de
la bouche est armé, de chaque côté et à chaque mâchoire,
de six molaires fortes, à surface plane et rugueuse formée
de parties inégalement dures, comme la surface d'une
meule. Les extrémités des membres ont une disposition
particulière. Elles ont toutes quatre doigts; les deux du
milieu sont plus longs, posent seuls à terre, et leurs deux
sabots rapprochés forment ce pied fourchu que l'on con-

naît bien chez le bœuf, la chèvre, le mouton. Les deux
autres doigts sont accolés derrière les deux médians, et se
terminent par deux petits sabots qui touchent à peine, ou
ne touchent pas du tout le sol. Ce n'est que parmi les ruminants que l'on rencontre des animaux dont le front est
armé de cornes.

Les espèces de cet ordre sont nombreuses. Comme elles
n'ont plus à monter sur les arbres ni à se blottir dans des
terriers, toutes sont de grande taille par rapport à la plupart des animaux dont nous nous sommes occupés jusqu'ici.

On y distingue cinq familles naturelles, dont les trois
premières comprennent des ruminants à front cornu.

La première est celle ces *kénocéres, ou ruminants à cornes
creuses*. Ce nom rappelle la disposition caractéristique des
cornes qui surmontent leur front. Elles sont formées d'une
corne osseuse ou noyau, qui est une excroissance naturelle
de l'os du front. Ce noyau est engainé dans un étui corné
produit par la peau qui entoure la corne à sa base ; c'est
cet étui corné que désigne l'expression de *cornes creuses*.
Ce grand groupe contient les *bœufs*, les *moutons*, les *chèvres*,
les *antilopes*.

Puis vient une petite famille de ruminants à cornes
pleines non caduques ; ce sont les *girafes*, dont le front est
armé de deux os courts recouverts par la peau. Ces cornes,
comme celles des bœufs, ne tombent jamais. Elles n'ont
point d'étui corné. Elles existent sur la tète des femelles
comme sur celle des mâles.

En troisième lieu vient la famille des *cervidés, ou ruminants à cornes pleines, caduques*. Les cornes, qui sont ra-
meuses, consistent en un os implanté sur le front, dont il
se sépare tous les ans ; on les nomme des *bois*. Elles sont
couvertes de peau lorsqu'elles se développent, pendant la
belle saison ; puis elles s'en dépouillent, et l'hiver ce sont des
os nus. Elles tombent d'elles-mêmes à la fin de l'hiver. En
général les mâles seuls portent cet ornement, qui est aussi

une arme terrible. Cette famille comprend les *cerfs* et les *rennes*.

La quatrième famille comprend de petits ruminants un peu analogues aux cerfs par leur aspect; mais leur front ne porte pas de cornes, et, par exception, leur mâchoire supérieure est armée de deux longues canines faisant saillie hors de la bouche comme de petites défenses. Ce sont les *chevrotains*, dont une espèce nous fournit la matière appelée *musc*, si précieuse pour la parfumerie.

Enfin l'ordre des ruminants se termine par une cinquième famille, celle des *camélidés,* dont les espèces s'éloignent du type ordinaire des ruminants, et rappellent par quelques traits la conformation de certains pachydermes. Les *chameaux* et les *lamas* forment cette famille. Plus de cornes sur le front, plus de véritables sabots aux extrémités ; mais cependant l'estomac est quadruple et la rumination existe.

§ 3. — LES BŒUFS SAUVAGES

Le genre *bœufs* est un groupe naturel d'espèces répandues à peu près dans toutes les contrées de la terre. Six de ces espèces sont réduites à l'état domestique, et l'une d'elles a donné dans nos pays des races nombreuses et variées. Ce sont de grands animaux, à front encorné, à pieds fourchus. Leur nez forme un mufle large, généralement nu et toujours humide. Leur corps est trapu et vigoureux, surtout vers les épaules et l'encolure. Les jambes sont courtes et robustes; mais leur grande force est dans le cou et le front. Leurs cornes sont généralement de forme simple, et s'écartent du front pour se recourber vers le haut en pointes menaçantes. Il faut, dans ce grand genre, citer huit des espèces que nous connaissons à l'état sauvage, et deux, devenues entièrement domestiques, dont

le type sauvage nous est inconnu. Nous en parlerons plus
loin.

Voici comment sont réparties les huit espèces connues
de nous à l'état sauvage : en Europe, l'*aurochs*, le *buffle
ordinaire*, qui habite aussi l'Afrique; en Asie, le *yak*, le
gyall, l'*arni*; en Afrique, le *buffle du Cap*, et enfin deux
espèces de l'Amérique du Nord, le *bison* et le *bœuf musqué*.

L'*aurochs*, plus grand que nos bœufs ordinaires, a au-
dessus des épaules une saillie très marquée des épines de
la colonne vertébrale. Il porte autour de la tête une sorte
de barbe crépue. Autrefois répandu dans toutes les grandes
forêts de l'Europe, il en a peu à peu disparu, à mesure que
se peuplaient davantage les diverses contrées. Il n'en existe
plus qu'un très petit nombre dans les forêts de la Lithua-
nie. Jamais cette espèce n'a pu être domestiquée.

Le *buffle ordinaire* est un bœuf à peau noire presque
nue, le poil étant très rare en beaucoup de points du
corps. Ses cornes sont longues et dirigées de côté; elles se
relèvent légèrement en haut vers l'extrémité. Elles sont
marquées dans leur longueur d'une arête longitudinale
saillante. C'est une excellente bête de somme. On mange
sa viande, qui est de médiocre qualité, et son cuir est employé sous le nom de buffleterie. Il est peu difficile pour sa
nourriture. Il aime les marécages et les canaux, où il se
plaît à laver sa peau sèche et calleuse. Tous les voyageurs
qui ont visité les environs de Rome y ont vu les buffles
demi-sauvages se baigner dans les eaux du Tibre, vers son
embouchure. On trouve actuellement des buffles en Italie
et en Grèce, en Égypte, et enfin dans l'Inde, qui est le
pays originel de leur espèce. On assure qu'elle fut introduite par les Lombards en Italie au VIe siècle de notre ère,
puis, au VIIe et au VIIIe, plus abondamment par les Arabes
ou Sarrasins. On a longtemps considéré le buffle d'Europe
et d'Égypte comme provenant d'un animal de l'Inde beaucoup plus grand, et que les Hindous nomment *arni*. C'est
cependant une espèce distincte, de très grande taille, dont

la tête porte des cornes gigantesques (trois mètres trente centimètres de la pointe d'une corne à l'autre). Il existe des arnis domestiques; ils font l'office de bêtes de somme, et on mange leur viande. Mais les arnis sauvages abondent dans les contrées marécageuses formées par les grands fleuves. Ils vont par troupes comme toutes les espèces du genre bœufs, et comme un grand nombre de ruminants à cornes creuses. Les dégâts qu'ils commettent sont considérables; mais leur force, leur courage farouche et leur nombre rendent leur chasse très dangereuse. Le commerce d'Europe reçoit très fréquemment des cornes de ces grands buffles asiatiques, et l'industrie utilise cette matière sous le nom de *buffle,* pour une foule de menus objets.

Le *buffle ordinaire* se trouve à l'état sauvage, et suit les mêmes habitudes, dans certaines contrées marécageuses voisines des rivages, dans l'Inde, et dans les vastes lagunes des divers fleuves de l'Afrique, au sud de l'Égypte et de la Nubie.

L'Hindoustan possède aussi à l'état domestique et à l'état sauvage le *gyall* ou *bœuf des jungles.* Mais c'est sa viande que l'on utilise beaucoup plus que son travail et sa force. Il est surtout répandu dans les contrées montagneuses du nord-est, le Népaul, le Boutan, le nord du Bengale. Le gyall a beaucoup d'analogie, dans ses formes et son extérieur, avec nos bœufs domestiques d'Europe.

L'*yak* ou *vache grognante de Tartarie* est une précieuse bête de somme de la Chine septentrionale et du Thibet. On le trouve à l'état sauvage sur les confins occidentaux de la Mandchourie. L'aspect du yak est bizarre. Le corps est couvert d'une toison blanche, longue, soyeuse et touffue, qui, comme une espèce de jupon, cache complètement le haut des quatre membres. La queue est garnie, dès son origine, de longs crins comme celle du cheval. Le front est coiffé d'une touffe abondante de poils crépus. Les membres sont fins et les sabots étroits. Le yak est un bœuf de montagne, au pied sûr et agile, à la marche rapide, et

Troupeau de bisons.

capable de courir très vite. Les Chinois et les Tartares l'emploient pour porter des fardeaux, parfois des femmes, des enfants, et pour traîner des voitures. Ils tirent grand parti de sa laine; ils mangent sa viande et utilisent son cuir.

Le *buffle du Cap* est une espèce exclusivement sauvage, dont les cornes, réunies par leur base sur le front de l'animal, forment une épaisse cuirasse avec laquelle, tête baissée et lancé à fond de train, il pousse des charges terribles. Les cornes sont d'ailleurs d'une longueur médiocre. Ces animaux sauvages peuplent par petites bandes les déserts de la Cafrerie et de l'Afrique australe, dans le voisinage des colonies du Cap et de Natal.

Les forêts et les prairies qui s'étendent, dans l'Amérique du Nord, des monts Alleghany aux montagnes Rocheuses, et les vastes déserts situés au nord des États-Unis jusqu'aux rives de la mer Glaciale, sont habités par deux espèces du genre des bœufs. L'une, le *bison,* peuple de ses bandes innombrables les prairies immenses qui forment le bassin du Missouri et le haut bassin du Mississipi. Avant l'envahissement des colons européens, il errait de même, à certaines époques de l'année, sous les forêts qui couvraient alors le haut bassin de l'Ohio, ceux du Susquehanna, de la Delaware et des autres fleuves nés sur les pentes des Alleghany. Les bisons sont remarquables par le développement de la tête, de l'encolure et des épaules. Une épaisse crinière d'un brun roux couvre le dessus et le dessous de la tête, la nuque et le cou, les épaules et le haut des jambes de devant. Le reste du corps porte un poil ras, et la queue, un peu courte, est disposée comme celle de nos bœufs. Le dos porte, au niveau des épaules, une bosse graisseuse soutenue par les épines saillantes de la colonne vertébrale. Cette espèce n'a pas été réduite à l'état domestique. Les Américains lui donnent le nom de *buffalo.* C'est un gibier pour les Indiens, et les chasseurs vantent la bosse du bison comme un mets délicat.

Le bison ne dépasse pas les latitudes des climats tempérés. Dans les déserts glacés du bassin du fleuve Mackensie, et sur les côtes où errent les Esquimaux, on trouve le *bœuf musqué*, petit bœuf dont l'aspect rappelle un peu celui du mouton. Il a le nez busqué, la queue courte, un poil épais, des cornes élargies par leur base qui se rejoignent au milieu du front. Elles sont courbées en descendant sur les côtés du front, puis se relèvent brusquement en une sorte de crochet. Cet animal des régions froides n'a jamais été domestiqué. Les Esquimaux le chassent comme le meilleur gibier de leurs pauvres contrées.

§ 4. — LES BŒUFS DOMESTIQUES

Nos fermes sont peuplées de vaches, de taureaux et de bœufs appartenant à des races bien distinctes selon les pays, mais que l'on regarde comme descendant d'une même espèce, le *bœuf ordinaire*. La vache et le taureau produisent les veaux. Les bœufs sont destinés exclusivement au travail; ils traînent des chariots de transport et la charrue. Ils servent ensuite à la boucherie, pour laquelle on les engraisse. On ne s'abstient pas d'ailleurs de manger la viande du taureau et surtout celle de la vache, qui est habituellement très bonne. On tire grand parti de son lait, qui nous fournit du beurre et des fromages variés. La viande de veau est aussi une grande ressource pour l'alimentation. Enfin l'industrie utilise pour de nombreux usages, et particulièrement pour la chaussure, le cuir de tous ces animaux. Leurs cornes aussi sont employées comme les cornes importées d'Asie.

Les diverses races de bœufs domestiques que les Européens élèvent, et qu'ils ont transportées avec eux dans leurs nombreuses colonies de toutes les parties du monde, peuvent se diviser en trois catégories : les *races de travail,* les *races de boucherie* et les *races laitières.*

Les *races bovines aptes au travail* ont une forte encolure et le cou vigoureux ; mais il importe que l'arrière-train et surtout les culottes (parties supérieures des jambes de derrière) soient assez développés pour que l'animal s'engraisse bien dans ces parties charnues lorsqu'on le préparera pour la boucherie. On peut citer comme races de bœufs de travail la *race des steppes,* répandue en Russie, de l'embouchure du Don aux bouches du Danube ; la *race hongroise,* celle *des Carpathes,* plusieurs races du Tyrol, de l'Autriche proprement dite, du Wurtemberg, de la Bavière et de la Saxe. En Angleterre, les plus belles races de travail sont celle *de Devon* et celle *de Sussex.* Quand aux races françaises, il en est de très bonnes : *race gasconne* ou *garonnaise, race pyrénéenne, race limousine, race de Salers* (Auvergne), *race d'Aubrac* (Rouergue), et surtout la belle *race charolaise,* originaire du Charolais (Saône-et-Loire) et que ses qualités on fait importer aujourd'hui dans un grand nombre de contrées de la France. Les bœufs charolais sont de grands animaux à formes étoffées, à robe d'un blanc crémeux.

C'est en Angleterre que l'on s'est appliqué à produire des *races* spéciales *de boucherie,* d'animaux très aptes à engraisser, et dont les os sont relativement très petits. Le plus célèbre est la *race de Durham,* appelée aussi *race à courtes cornes.* Les animaux de cette race sont de véritables magasins à graisse. Ils peuvent devenir presque monstrueux lorsqu'ils sont engraissés, et leur corps a la forme d'un bloc rectangulaire, avec des extrémités et une tête très grêles. La *race d'Hereford* est encore une fort belle race anglaise pour la boucherie. La *race* écossaise *d'Angus* est au niveau des deux précédentes. Dans les autres contrées de l'Europe il n'existe pas de races uniquement propres à la boucherie ; toutes sont destinées au travail ; mais il en est qui en même temps se recommandent pour la production de la viande. Tels sont, en France, les *bœufs charo-*

lais, les *choletais* ou *parthenais* (Vendée), les *manceaux* (Maine).

Le type des bonnes *races laitières* se trouve parmi nos races françaises ; c'est la *vache normande*, qui dans la force de sa période laitière donne vingt à vingt-cinq litres de lait par jour, et pour une année entière une moyenne de huit litres par jour. C'est une variété de cette race, la *race cotentine*, qui fournit les plus fameux beurres normands. Après les vaches normandes, il faudrait citer les *flamandes*, (*boulonnaises, artésiennes, maroillaises* et *picardes*), les *bressanes* (Ain), les *comtoises*, et enfin les *vaches bretonnes*. A l'étranger, les races laitières de la Hollande et de la Suisse jouissent aussi d'une légitime réputation.

Le *bœuf ordinaire* n'est pas la seule espèce entièrement domestiquée. On rencontre sur les cultures de l'Inde, des contrées asiatiques voisines et aussi du haut bassin du Nil, en Afrique, une autre espèce domestique, le *zébu*. Ces animaux se distinguent par une bosse graisseuse, quelquefois deux, placée au milieu du dos, au-dessus des épaules, où elle offre l'aspect d'une sorte de petit sac. Il existe des zébus de petite et de grande taille, des races à cornes très faibles, d'autres qui en sont même dépourvues.

§ 5. — LES MOUFLONS

On trouve dans les montagnes escarpées de la Corse, de la Sardaigne, de la Crète, de Chypre, de la Roumélie, de la Thessalie et du midi de l'Espagne un animal dont la figure ci-après peut donner une idée ; on le nomme *mouflon*. Les *mouflons* vivent en troupes assez nombreuses. Chacune d'elles comprend environ cent individus, sous la conduite d'un vieux mâle encore vigoureux. Ils sautent de crête en crête avec une agilité merveilleuse. Farouches à

l'excès, ils se plaisent dans les lieux les plus inaccessibles.
Ceux que l'on a pu capturer se sont montrés d'une brutalité stupide et intraitable. La puissance de leurs coups de
tête est incroyable. En heurtant du front un obstacle, ils
font un bruit qui s'entend de fort loin, et cependant de tels
chocs ne leur font aucun mal, car ils les répètent obsti-

Le mouflon.

nément pendant des heures sans aucun inconvénient pour
eux. Ils démolissent ainsi les clôtures les plus résistantes,
et aucun homme ne recevrait impunément un seul de ces
coups.

Beaucoup de naturalistes ont regardé cet animal comme
l'espèce sauvage qui a donné naissance à nos races de
moutons domestiques. Il est permis d'en douter fortement;

mais ce qui est certain, c'est que le *mouflon de Corse* ou *mouflon d'Europe* est une espèce sauvage du groupe des *moutons*. Un peu plus grand que notre mouton domestique, il a le corps fauve en dessus et blanc en dessous. Les jambes rappellent bien celles du mouton. La queue est courte. La tête est lourde et massive, surmontée de deux cornes triangulaires, très épaisses à leur base, marquées de cannelures transversales, enroulées légèrement sur elles-mêmes et s'écartant l'une de l'autre. Le pelage se compose d'un poil dru, assez court en général, long et soyeux sous le cou, et d'une laine grise, très fine et courte, cachée sous le poil fauve. Les femelles ont une robe moins fourrée et des cornes beaucoup plus faibles; quelques-unes n'en ont même pas.

Une autre espèce habite le nord de l'Afrique, et particulièrement les montagnes de l'Atlas, en Algérie et dans le Maroc; c'est le *mouflon barbu*, dont une variété curieuse, connue sous le nom de *mouflon à manchettes*, se trouve en Égypte. Celui-ci est orné sous le cou d'une longue frange de poils touffus et souples. De semblables poils forment un bracelet ou, si l'on veut, une manchette autour du poignet, à chacun des membres antérieurs. L'Amérique du Nord possède une autre espèce beaucoup plus grande que les deux précédentes.

L'*argali* est aussi une espèce du genre des *moutons*, beaucoup plus grande que notre mouton domestique, et couronnée de cornes gigantesques. Cet animal atteint la taille du daim, et possède une force extraordinaire. On le trouve abondamment dans les monts Altaï et les chaînes qui en dépendent, surtout dans la Sibérie méridionale. Plusieurs naturalistes ont regardé l'argali comme le mouton sauvage. C'est encore là une opinion fort contestable.

§ 6. — LES MOUTONS DOMESTIQUES

Lorsque l'on compare nos *moutons domestiques* aux farouches et vigoureux animaux dont nous venons de parler, il y a vraiment lieu de s'étonner du contraste. Les moutons domestiques, s'ils en descendent, ont diminué de taille, perdu leur vigueur, et remplacé leur caractère brutal et indompté par une douceur proverbiale. Ce sont là des traits distinctifs qui semblent plutôt annoncer une espèce particulière entièrement réduite en domesticité. Depuis longtemps, à côté des *bêtes à cornes*, qui travaillent, donnent du lait, de la viande et du cuir, les agriculteurs ont sur leurs terres les *bêtes à laine,* qui fournissent la matière des vêtements les plus chauds, et dont la viande, le lait et la peau sont aussi d'un usage précieux. Il y a même des peuplades nombreuses qui, sans être sédentaires, sans avoir adopté la vie agricole, subsistent depuis bien des siècles des produits de leurs nombreux troupeaux, où se mêlent chevaux, bœufs et moutons, mais où ceux-ci, par leur nombre, occupent la plus grande place. Ce sont les peuples nomades, tels qu'il en existe dans les vastes plaines ou *steppes* de la Mongolie, du Turkestan et des rives septentrionales de la mer Caspienne; tels que la Bible nous dépeint Abraham et Laban; peuples *pasteurs*, dont toute la vie est arrangée pour faire *paître* leurs troupeaux. Les moutons surtout sont les animaux de la *vie pastorale*. Au milieu de nos pays d'agriculture et de vie sédentaire, ce sont eux qui ont obligé les hommes à conserver encore certaines pratiques de la vie nomade. Les bergers, dans plusieurs contrées de l'Europe occidentale, sont restés comme les derniers représentants des pasteurs. Les hautes vallées des Basses-Alpes et les plaines de la Provence voient encore chaque année des pasteurs *transhumants*, comme on dit, ce qui signifie *changeant de terroir*, pour promener, de pâturages en pâturages, d'innombrables troupeaux de moutons. Les hauts plateaux du centre de l'Espagne voient s'exécuter les mêmes migrations périodiques. C'est ainsi que les hommes, à l'aide des moutons, tirent des pâturages naturels, qui ne coûtent aucune culture, de la viande et surtout de la laine. En outre de cela nos fermes élèvent aussi de nombreuses bêtes à laine. On y a conservé, comme dernière trace de la vie pastorale, la coutume de *parquer* les moutons dans les champs. Le parcage change périodiquement, à mesure que l'herbe est épuisée dans les lieux où le parc était installé. Quant au parc, c'est simplement une enceinte mobile formée de claies en bois, et qui entoure les moutons réunis avec les chiens qui les gardent. Près de là le berger s'abrite, surtout pendant la nuit, dans une petite cabane montée sur des roues très basses.

De même que l'*espèce bovine* comprend trois sortes d'animaux, désignés par les noms spéciaux de *taureau, vache, bœuf, l'espèce ovine* comprend aussi le *bélier*, la *brebis* et le *mouton*. Le bélier et la brebis nous donnent les *agneaux* ou jeunes animaux de l'espèce. On tire parti du lait de brebis pour certains fromages, tels que le célèbre fromage de Roquefort (Aveyron), ceux de Montpellier (Hérault), de Sassenage (Isère). Moutons, brebis et même béliers nous fournissent de la laine. C'est spécialement la viande des moutons et des agneaux qui paraît dans nos boucheries. La graisse, appelée *suif,* sert à la fabrication des chandelles ou des bougies dites *de stéarine.*

Les diverses races de moutons ont deux destinations principales qui servent à les distinguer : les unes sont des *races à laine;* les autres, des *races de boucherie.* Les premières sont de petite taille, peu étoffées en viande, et portent une toison fine, courte, à brins ondulés régulièrement. Leur viande est délicate et savoureuse, mais peu abondante. Les races de moutons à laine vivent de préférence sur les plateaux à herbe fine, courte et serrée. Les moutons de boucherie sont des produits de vallées ou de plaines basses à gras pâturages. Ils sont généralement de grande taille, hauts sur jambes, chargées de viande; mais ils ont une toison plus grossière, plus longue, et dont les brins sont incomplètement ondulés.

La plus célèbre des races de moutons à laine est la race des *mérinos,* qui s'est formée sur les plateaux de la Vieille-Castille, du Léon et des Asturies (Espagne). Cette race existait déjà au xi⁰ siècle, et les Arabes d'Espagne, au siècle suivant, en exportaient la laine en Angleterre. Dans la dernière moitié du xviiⁱᵉ siècle, les Français en ont tiré l'excellente race des *mérinos français.* En même temps les Saxons, de leur côté, faisaient sortir de la même source leur belle race *électorale,* qui rivalise avec la précédente. Les mérinos français se trouvent aujourd'hui surtout dans le Roussillon, le bas Languedoc, la Bourgogne, la Champagne, la Brie et les départements de l'ancienne Ile-de-France.

Les races de moutons de l'Angleterre sont plutôt des races de boucherie et à laine longue. La plus célèbre est la race de *Dishley* ou *New-Leicester.* formée au centre de l'Angleterre, dans le comté que son nom rappelle; puis la race *costwold,* originaire du comté de Glocester. La fameuse race de *Southdown* est une race intermédiaire, riche en viande, et donnant une laine de qualité moyenne.

§ 7. — LES CHÈVRES SAUVAGES ET DOMESTIQUES

Qui ne connaît ces animaux à tête fine, à menton barbu, à chanfrein creusé, à grandes cornes rugueuses recourbées en arrière, à queue courte et relevée, dont le poil soyeux,

long et lisse, cache une laine très fine et bien fournie? Ils
sont vifs, sautent et gambadent volontiers, aiment à grimper dans les lieux difficiles et à se percher sur les points
les plus élevés. Leur vue est très longue, leur ouïe très
fine. Telles sont les *chèvres,* aussi bien à l'état sauvage qu'à
l'état domestique, sauf certaines modifications de forme
extérieure que la domestication a produites dans plusieurs
races.

Les diverses espèces sauvages du genre chèvre habitent
les hautes montagnes de l'Europe et de l'Asie, dans les
parties méridionales de la zone tempérée. La principale de
ces espèces est le *bouquetin des Alpes*, appelé *chèvre des
rochers* par les Allemands ; mais la plus intéressante peut-
être est l'*ægagre* ou *chèvre sauvage,* que beaucoup de naturalistes regardent comme la souche de nos races de chèvres
domestiques. Elle habite par troupes assez nombreuses les
montagnes de la Perse.

Les chèvres domestiques n'existent pas également dans
toutes les régions de la France. Dans celles du Nord elles
sont disséminées et isolées. Souvent la chèvre laitière remplace, près de la cabane du pauvre, la vache qu'il ne
peut nourrir. Dans le Poitou, on élève des chèvres parmi
les troupeaux de moutons. C'est un usage, dans le Languedoc et la Provence, de mettre en tête de ces troupeaux
quelques boucs, appelés *menons,* pour les guider. Les
régions de hautes montagnes offrent des pâturages élevés
que les chèvres seules peuvent atteindre : aussi forme-t-on,
en Auvergne, dans les vallées des Pyrénées et des Alpes,
des troupeaux de chèvres qui utilisent ces maigres herbages
et fournissent un lait précieux pour la fabrication de certaines espèces de fromages. Le grand inconvénient de ces
animaux dans les pays de riche culture, c'est leur esprit
vagabond, qui les écarte sans cesse de leurs compagnes et
les conduit dans les vergers, les bas taillis, les jardins,
où elles broutent tout ce qui est jeune, tendre et verdoyant.
Dans les habitations de la campagne, la chèvre domestique

s'attache promptement aux enfants. On l'a souvent utilisée avec succès pour allaiter des petits enfants privés de leur mère.

Les variétés sont nombreuses parmi les chèvres domestiques ; mais elles ne sont pas toujours assez fixes pour qu'il soit possible de distinguer des races. On cite cependant, en Syrie, la *chèvre d'Angora*, à oreilles pendantes, à longs poils, très fins et très serrés, que l'on tisse en belles étoffes ; dans les vallées de l'Himalaya, la *chèvre du Thibet* ou *de Cachemire*, dont le poil laineux, très fin et très souple, est employé à fabriquer les fameux châles ou cachemires de l'Inde.

§ 8. — LES ANTILOPES

Le *chamois* des Alpes, appelé *isard* dans les Pyrénées, et la *gazelle*, si commune en Algérie, sont les deux espèces les plus connues parmi celles de cette grande famille ; mais les espèces qui s'y trouvent naturellement réunies sont au nombre de près d'une centaine, et appartiennent à divers pays. La plupart des *antilopes* ont des formes légères, sveltes et gracieuses ; mais il en est d'autres beaucoup plus lourdes, et même d'une conformation bizarre ou peu agréable à l'œil. Leur taille varie beaucoup ; il en est qui sont à peine plus grandes qu'un lièvre, comme il en est d'autres à peine moins grosses que le bœuf. Leur robe est souvent peinte de couleurs vives et tranchées. Rien n'est plus varié que la disposition de leurs cornes. Les unes sont annelées à bourrelets saillants, et offrent une simple, une double ou une triple courbure, avec les pointes dirigées soit en avant, soit en arrière. D'autres sont petites, droites ou à peine courbées, et alors les femelles sont souvent dépourvues de cornes. D'autres encore sont annelées, mais longues et droites, ou à peine courbées. Il en est qui sont marquées d'une arête saillante contournée en spirale; d'autres qui se bifurquent en deux pointes. Enfin une espèce d'antilope a même sur le front quatre cornes symétriquement placées.

La plupart des antilopes vivent, en troupes plus ou moins nombreuses, dans les grandes plaines; il en est qui habitent les forêts; d'autres, les montagnes et même de hauts sommets. L'Afrique est la patrie de la plupart des espèces; l'Asie et surtout les Indes orientales en possèdent ensuite le plus grand nombre. Quelques-unes sont de l'Amérique septentrionale. Deux seulement sont européennes, le *chamois* et le *saïga*.

Le *chamois*, ou *isard*, a le front armé de deux cornes noires, lisses, dressées verticalement, et brusquement courbées en arrière vers leur extrémité. Sa couleur est le gris cendré au printemps, et le gris roussâtre en été. Il a la taille de la chèvre. Il se tient au milieu des rochers les plus escarpés, et jusqu'au voisinage des glaces et des neiges. Rarement isolé, il saute et bondit, au milieu de ces lieux inaccessibles, avec une petite troupe de compagnons. C'est là qu'il faut le poursuivre pour l'atteindre, aussi n'est-il guère de métier plus dangereux et plus dur que celui du chasseur de chamois des Alpes, et du chasseur d'isard des Pyrénées. On trouve aussi le chamois dans les monts Carpathes.

Le *saïga* est, au contraire, une antilope des plaines et des landes incultes; il a la taille d'un daim. Ses cornes, deux fois courbées dans leur longueur, sont marquées d'anneaux saillants. Son museau est bombé, gros, et percé de narines très ouvertes. On le trouve en troupes nombreuses dans la Pologne méridionale, et, en Russie, dans la Volhynie, la Podolie et les steppes du bassin du Dnieper, du Donetz et du Don.

La *gazelle* est une antilope africaine, et l'un des plus gracieux animaux de ce groupe; elle est à peu près de la

taille du chevreuil. Ses jambes, d'une finesse remarquable,
supportent un corps allongé et peu chargé de chair. Le
pelage, jaune clair en dessus, tourne au blanc sous la
poitrine et sous le ventre ; le long de chaque flanc court
une raie brune. La queue, qui est courte, porte à sa base
du poil brun, et du poil noir à son extrémité. La tête, fine
et bien emmanchée sur un cou long et gracieux, est ani-

L'antilope-gazelle.

mée par deux beaux yeux noirs, vifs, bien ouverts, et
d'une grande douceur. Les cornes sont de moyenne longueur, annelées de saillies régulières, courbées deux fois,
d'abord en arrière, puis en avant, et leur pointe est dirigée
en haut. C'est l'animal cher aux poètes arabes ; celui auquel ils comparent sans cesse la grâce et la beauté des
femmes. Les gazelles vivent en troupes nombreuses dans
les plaines et les collines de l'Afrique septentrionale et de
l'Asie occidentale. Les Arabes de l'Algérie ont souvent au-

près d'eux des gazelles apprivoisées; ils se plaisent même à orner leurs cornes de dorures et d'anneaux. Les voyageurs le Vaillant, Adolphe Delegorgue et d'autres, ont signalé une autre espèce dont les troupes innombrables émigrent, selon les saisons, des déserts herbus et rocailleux qui avoisinent le cap de Bonne-Espérance aux terres plus ombragées et mieux arrosées de la Cafrerie, du Zululand et des pays voisins. C'est le *springbock,* ou *chèvre sautante du Cap;* plus grande que la gazelle, elle a des formes analogues, et à peu près les mêmes couleurs et les mêmes cornes.

§ 9. — LA GIRAFE

Voilà un animal bien connu aujourd'hui, mais mieux connu encore des anciens Romains, qui faisaient paraître fréquemment, à la fois, plusieurs girafes dans un même cirque. Pendant l'intervalle de temps qui nous sépare de l'antiquité, la girafe retomba dans l'oubli; ses formes, sa taille, ses couleurs demeurèrent un souvenir confus. C'est au XVIIIe siècle que le Vaillant retrouva cette curieuse espèce dans l'Afrique méridionale. Au commencement du siècle actuel, on commença à en apporter dans les ménageries publiques d'Europe, qui depuis ce temps ont tenu à en posséder toujours quelques individus.

Il n'existe qu'une seule espèce de *girafe,* et elle habite les régions désertes et sablonneuses de l'Afrique. Les anciens lui avaient donné le nom de *camelopardus,* qui signifie *chameau léopard.* Les girafes rappellent, en effet, les chameaux par l'aspect de leurs jambes (elles ont cependant à leurs extrémités un double sabot, qu'on ne voit pas chez le chameau), par leur corps ramassé et un peu ventru, par leur long cou. D'un autre côté, leur robe fauve et ré-

gulièrement tachée de brun ressemble un peu à celles du
léopard et de la panthère ; mais elles sont loin d'avoir la
grâce et les formes harmonieuses de ces grands carnas-

La girafe.

siers. Les jambes de la girafe sont longues et minces ; le
corps, remarquablement court, est beaucoup plus bas des
reins que des épaules. Le dos, incliné d'avant en arrière,
se continue en cou plus long que le corps lui-même, large

7*

et comprimé à sa naissance, et s'amincissant peu à peu jusqu'à la tête. Celle-ci est effilée, pourvue de grandes oreilles, ornée d'yeux noirs, gros et saillants, et terminée par un museau plat à lèvres charnues et très mobiles. Sur le front se voient deux cornes très courtes, entièrement couvertes d'une peau garnie de poils. La femelle est pourvue de cornes aussi bien que le mâle; mais celui-ci porte en outre, au milieu et en avant, une saillie osseuse également couverte de peau, qui ressemble à une troisième corne. La girafe ne perd ni ne renouvelle jamais ses cornes.

C'est un animal de grande taille; il est des individus dont le sommet de la tête s'élève à six mètres et demi au-dessus du sol. Sa marche diffère de celle des autres quadrupèdes : la girafe avance en même temps les deux jambes d'un même côté; c'est l'allure artificielle à laquelle on dresse certains chevaux, et que l'on appelle l'*amble*. Lorsqu'elle court, elle se balance d'une façon presque grotesque. La conformation de la girafe lui permet difficilement de brouter l'herbe. Son cou est trop court pour la longueur démesurée de ses jambes de devant; aussi, pour que son museau arrive jusqu'au sol, elle est obligée d'écarter notablement les jambes de devant. Elle se nourrit des feuilles des arbustes et des arbres.

On trouve des girafes depuis la Nubie et le Soudan jusqu'au cap de Bonne-Espérance; elles se tiennent de préférence dans les clairières et sur la lisière des bois. Le lion, à ce que l'on assure, leur donne souvent la chasse; mais les girafes fuient avec une grande vitesse et parviennent souvent à lui échapper. Les armes dont elles se servent pour se défendre au besoin sont leurs pieds, dont les sabots sont larges et forts; elles ruent avec énergie. Les diverses peuplades nègres de l'Afrique ont recours à divers moyens pour les atteindre et les tuer; il est difficile de s'emparer d'individus vivants.

§ 10. — LES CERFS ET LES RENNES

La famille des *cervidés* est nettement caractérisée par la
nature et la disposition des cornes, que l'on appelle chez
eux des *bois*. J'ai déjà dit que, chez les vrais *cerfs*, les femelles, appelées *biches*, ont le front dépourvu de bois. Les
mâles, au contraire, poussent chaque année une paire
nouvelle de bois, qui tombent avant le terme de l'année.
Chez les *rennes*, les deux sexes ont la tête pourvue de bois.
Cette curieuse production annuelle se modifie avec l'âge,
surtout lorsqu'elle est grande et chargée de rameaux. Les
dimensions, la forme et le nombre des ramifications des
bois permettent de reconnaitre quel âge a l'animal qui les
porte. Les bois sont formés de matière osseuse, compacte
à la surface, finement celluleuse à l'intérieur. Lorsqu'ils
sont encore courts et sans rameaux, on leur donne le nom
de *dagues*. Tout le temps qu'ils se développent, une peau
épaisse, velue et abondamment nourrie les recouvre; mais
elle se sèche et tombe par lambeaux dès que les bois sont
complètement développés. Bientôt il ne reste plus que l'os,
qui prend extérieurement une teinte brune. Lorsque les
bois ont duré neuf à dix mois, ils se détachent, par leur
base, de la saillie du front sur laquelle chacun d'eux était
fixé, et ils tombent entiers. La base de chaque bois est
entourée d'un bourrelet saillant et rugueux, qui reçoit le
nom de *meule*. On appelle *andouillers* les rameaux du bois;
le nombre des andouillers croît d'année en année, jusqu'à
une certaine limite. Dans certaines espèces, les bois, en se
ramifiant, présentent des parties aplaties en forme de
feuilles; c'est ce que l'on nomme des *empaumures*. Les
espèces de cette famille sont nombreuses, et l'on en trouve

en Europe, en Asie, en Afrique, dans les deux Amériques, mais non pas en Australie. Presque toutes se plaisent dans les bois. Leur caractère est sauvage et craintif; toutefois les mâles sont dangereux, et comme poussés par une sorte de fureur, à l'époque où leurs bois sont complets et dénudés de peau. C'est aussi l'époque où les biches se préparent à mettre bas leurs petits.

On connaît en Europe quatre espèces de cerfs. Ce sont : le *cerf commun*, le *daim*, le *chevreuil* et l'*élan*. Le *renne*, qui habite aussi en Europe, est généralement regardé comme d'un autre genre. L'*élan* ne vit plus en France actuellement, mais on y trouve les trois autres espèces de vrais cerfs.

Le *cerf commun* a la taille du cheval. Il est brun foncé en été, avec une ligne noire et une rangée de petites taches fauves le long de l'épine dorsale. En hiver, son pelage prend une coloration d'un brun gris uniforme. En toute saison la croupe et la queue sont d'un fauve pâle. Les cerfs perdent leurs bois au printemps, et les refont de mai à septembre. Les jeunes sujets, que l'on nomme *faons*, sont fauves, tachetés de blanc. Vers leur sixième mois, ils présentent déjà sur le haut du front deux petites bosses que l'on nomme des *hères*, et le jeune animal de cet âge est aussi désigné par ce nom. A un an, elles se sont allongées en *dagues* de vingt-cinq à trente centimètres. Il n'y a pas ramification la première année. Les faons d'un an sont des *daguets*. Le bois de la deuxième année porte déjà trois andouillers. Chacune des cinq années suivantes voit s'ajouter sur le nouveau bois un andouiller à ceux qui existaient déjà. A six ans, le cerf à sept andouillers naissant de la tige commune, que l'on nomme *merrain*. C'est alors un cerf *dix cors jeunement*. L'année suivante, le même bois se reproduit, mais plus vigoureux; c'est le cerf *dix cors*. Passé cet âge, c'est un *vieux cerf*. Chez le cerf commun, le merrain est arrondi et les andouillers aussi ; il n'y a pas d'empaumures.

Le *daim* se distingue du cerf commun, dont il atteint presque la taille, par ses bois; ses andouillers supérieurs sont élargis en une empaumure dentelée en avant et en arrière; ils sont généralement moins robustes que ceux du cerf. Le daim est indigène en Espagne, en France, en Suède, en Angleterre; il a été introduit en Allemagne vers 1650. On élève souvent, dans les parcs de luxe, des daims qui y vivent à demi apprivoisés.

La plus petite espèce de cerfs, en Europe, est le *chevreuil;* il n'a que quatre-vingts centimètres de hauteur sur le dos. Son pelage est gris-fauve, avec les fesses blanches. A peine a-t-il une queue, tant elle est courte. Ses bois sont faibles et ne portent que deux andouillers sur le merrain; il les perd en automne, et les refait pendant l'hiver. Les chevreuils vivent par couples dans nos forêts.

Ces trois espèces sont des gibiers de choix. Leur chasse est un exercice savant, qui a ses règles, qui provoque l'entretien de belles races de chevaux et de chiens de chasse, et qui endurcit singulièrement à la fatigue, à l'équitation, au maniement des armes, ceux qui s'y livrent habituellement. La chair du chevreuil est plus délicate que celle du daim et du cerf. Convenablement marinées, toutes trois sont savoureuses et substantielles.

L'*élan* est une singulière espèce, dont les formes bizarres touchent à la difformité. Le corps est court, et monté en avant sur des jambes plus hautes que celles de derrière. De ses épaules épaisses sort une encolure très courte, portant une tête lourde avec un museau renflé dont la lèvre supérieure est longue et mobile. Le mâle a des bois massifs et robustes, évasés de côté et en arrière, et dont la plus grande partie s'élargit en une vaste empaumure. Il porte sous la gorge une grosseur garnie de poils noirs, formant une sorte de barbe. La taille de l'élan est celle de notre cerf commun. Son pelage est gris foncé. Il habite le nord de l'Europe, de l'Asie et de l'Amérique. En hiver seulement, il gagne les lieux élevés et boisés; en été, il descend dans les forêts marécageuses, où il barbotte toute la journée dans l'eau. On l'a autrefois attelé à des traîneaux en Suède, comme on fait aujourd'hui des rennes dans les contrées voisines de la mer Glaciale. Les cantonnements de cette espèce se sont restreints à mesure que se sont mieux peuplés les pays du Nord. L'élan est *l'orignal* des Canadiens.

Le *cerf du Canada* est une grande et belle espèce de l'Amérique du Nord, qui ressemble beaucoup au cerf commun, mais le dépasse par la taille. On rencontre souvent dans les ménageries l'*axis*, ou *cerf du Gange,* dont la taille est moindre et le pelage fauve taché de blanc, et le *cerf de Virginie,* que le dessous de la queue et les fesses blanches font reconnaître facilement.

§ 11. — LES CHEVROTAINS ET LE MUSC

Les *chevrotains* sont de petits ruminants de l'Asie centrale et méridionale, qui rappellent assez le port et les habitudes des antilopes; mais ils n'ont point de cornes, et, bien que leurs dents soient disposées comme celles de l'immense majorité des ruminants, ils portent à la mâchoire supérieure deux défenses qui les distinguent tout d'abord. Ces animaux sont remarquables par leur vivacité et leurs proportions élégantes. Leur taille ne dépasse, dans aucune espèce, celle du chevreuil; elle est souvent moindre.

L'espèce la plus connue est le *chevrotain porte-musc;* c'est aussi la plus grande de toutes. Son corps est couvert de poils si gros et si courts, qu'on pourrait presque leur donner le nom d'épines. Ce qui lui a valu son nom et le fait

rechercher avec ardeur, c'est la matière odorante qu'il
produit dans une poche située, chez les mâles, au bas-
ventre, près du pli de la cuisse. La parfumerie en fait un

Chevrotains porte-musc.

usage considérable, et il n'y a presque pas d'onguent, de
pommade odorante, qui n'en contienne. On trouve le chevrotain porte-musc sur les hautes montagnes du Tonkin,
de la Chine, du Thibet et des pays voisins.

§ 12. — LES CHAMEAUX ET LES LAMAS

La famille des *camélidés* comprend des espèces de ruminants d'une physionomie particulière. Pas de cornes ; deux dents incisives à la mâchoire supérieure, quand les autres ruminants n'en ont pas du tout ; deux dents canines à chaque mâchoire ; pas de pieds fourchus, parce que les doigts, au nombre de deux, reposent sur le sol dans toute leur longueur, et ne portent plus que de petits sabots. Chez les *chameaux*, une semelle fibreuse épaisse et résistante les réunit en dessous ; ils sont libres l'un de l'autre chez les *lamas*.

On connaît deux espèces de chameaux. L'un a sur le dos deux bosses, séparées par un creux bien marqué ; il est originaire de l'Asie centrale. C'est le *chameau de la Bactriane*, ou *chameau à deux bosses*. L'autre n'a qu'une seule bosse sur le dos ; il est originaire de l'Arabie, et on le nomme *chameau d'Arabie*, *chameau à une seule bosse*, ou *dromadaire*. Ce sont deux animaux d'une utilité inappréciable. On peut dire que, sans eux, les déserts qui s'étendent sur diverses parties de l'Asie et de l'Afrique ne pourraient être franchis par les hommes. Les communications seraient impossibles entre les contrées florissantes et cultivées que ces déserts séparent les unes des autres. On a dit d'une façon pittoresque : « Le chameau est le navire du désert ; » mais, en réalité, à travers les contrées que le manque d'eau rend stériles et inhabitables, aucune autre bête de somme ne pourrait accompagner les hommes, les transporter eux et leurs fardeaux. Aucune autre ne supporterait aussi longtemps la soif et la fatigue en ne recevant qu'une maigre nourriture. Les chameaux peuvent, sans en trop souffrir, passer plusieurs jours de suite privés de boisson. On attribue cette faculté à une disposition

Troupeau de dromadaires assailli par les taons.

spéciale des côtés de la panse (l'une des quatre poches de l'estomac) ; il y existe de petites cellules, ou pochettes, où l'on trouve toujours de l'eau en réserve.

Mais, après avoir rendu une éclatante justice au chameau, nous sommes bien forcés d'ajouter que leur extérieur est disgracieux et laid. Ils répandent le plus souvent une odeur forte extrêmement désagréable; enfin leur stupidité rend souvent difficile de les tirer des dangers qu'ils peuvent courir. Leur corps, court et ballonné, bossu en dessus, est monté sur de longues jambes disgracieuses, et se termine par un bout de queue garni d'un pauvre bouquet de poils. Le cou, d'une longueur extrême, est contourné en S, et supporte une petite tête d'un aspect presque burlesque, surtout avec l'air de gravité placide que lui donne le port de son encolure. L'animal semble se rengorger dans sa laideur. Cette tête est longue, osseuse. L'orbite de l'œil fait de chaque côté une saillie singulière. La lèvre supérieure est renflée, et fendue au milieu de façon à laisser voir les dents. Enfin c'est le meilleur exemple que l'on puisse donner de l'exactitude du proverbe : *Il ne faut pas juger les gens sur l'apparence.*

Le *chameau à deux bosses* est plus grand que le dromadaire; son corps est plus long, et il a proportionnellement les jambes plus courtes. Le museau est plus renflé. Le poil est brun plus ou moins fauve. Il marche plus lentement. Il a sur la poitrine, là où elle repose sur le sol lorsqu'il se couche, une large callosité, espace nu recouvert d'épiderme épais et endurci. De petites callosités se voient aussi aux coudes, aux genoux de devant, aux rotules et aux jarrets des jambes de derrière. Les deux bosses dorsales sont deux saillies graisseuses de forme pointue aplaties sur les côtés. Le chameau à deux bosses se trouve au Turkestan, au Thibet, sur les frontières occidentales de la Chine. On estime beaucoup la sûreté de son pas pour traverser les régions montagneuses et difficiles, qui abondent dans ces contrées.

Le *chameau à une bosse*, ou *dromadaire,* a le corps rac-
courci et les jambes hautes. Sa bosse, placée au milieu du
dos, est en forme de pain de sucre élargi et écrasé. Son
poil, rare en certaines parties du corps, est d'un blanc sale
chez les jeunes sujets, d'un gris roussâtre chez les vieux.
Il porte, aux mêmes endroits du corps, des callosités comme
le chameau à deux bosses. Sa taille varie quelque peu; la
hauteur de son dos prise au garrot (au-dessus des épaules)
est d'un mètre soixante-dix centimètres à deux mètres
trente centimètres. La démarche de cette espèce est plus
rapide que celle de l'autre, et il existe une race de dromadaires de course d'une remarquable vitesse.

Le chameau à une bosse s'est répandu, de l'Arabie, en
Égypte et dans tout le nord de l'Afrique. Depuis que nous
possédons l'Algérie, nous avons appris à connaître ce précieux auxiliaire de la vie au désert. On doit distinguer
deux races de chameaux à une bosse : l'une, plus lourde
de forme, est faite pour porter les fardeaux; l'autre,
élancée, haute sur ses jambes et plus mince du corps,
donne des coureurs merveilleux. Ce sont les *mahri,* ou
méhari. L'une et l'autre race surpassent d'ailleurs en sobriété le chameau à deux bosses. On a vu des dromadaires
(que, du reste, en Afrique on appelle toujours des chameaux) parcourir en un jour cent soixante à deux cents
kilomètres. Avec une charge de cinq à six cents kilogrammes sur le dos, le chameau fait encore quarante à
cinquante kilomètres par jour, et cela dix à douze jours
de suite. La marche se fait d'une seule traite. Le soir, on
décharge la bête, et on la laisse paître; c'est habituellement son seul repas de la journée. Elle peut rester sept à
huit jours sans boire. On conçoit dès lors que le chameau
est un animal incomparable; que sans lui il n'y a pas de
caravane possible; que sans lui le Sahara, le désert de
Libye, le désert de Syrie seraient infranchissables pour les
hommes. Ajoutez à cela que la chamelle donne un lait
dont les Arabes font grand usage, et que le poil long et

soyeux des chameaux sert à tisser des étoffes chaudes et durables. On comprendra sans peine que les peuples de l'Arabie, de l'Égypte et des pays barbaresques regardent le chameau comme le plus beau don qu'ils aient reçu du ciel.

Les chameaux n'existent pas en Amérique; mais ils sont, pour ainsi dire, remplacés, dans l'Amérique méridionale, par les *lamas,* sortes de petits chameaux sans bosses, conformés pour transporter les fardeaux à travers les hautes montagnes. On commence à les rencontrer dans la Cordillère des Andes, à la Nouvelle-Grenade; ils abondent dans les hautes chaînes de la république de l'Équateur et du Pérou, dans la Bolivie et jusqu'au Chili. Sans ces animaux les communications n'auraient pu exister entre les deux versants des Andes; les lamas donnent aux populations de ces vastes contrées le travail pendant leur vie, la viande et la laine après leur mort.

Ces précieuses bêtes de somme ont une hauteur d'un mètre environ aux épaules. Leurs jambes sont assez fines; leur corps est allongé et couvert d'une toison brune abondante. La queue est courte et garnie de longs poils. La tête est assez légère de forme, et supportée par un cou long et mince. Elle a des formes moins heurtées que celle des chameaux; l'œil est vif et doux, d'un noir profond, d'une large ouverture. La lèvre supérieure est fendue au milieu; les oreilles sont d'une longueur modérée.

On distingue deux espèces de ce genre. La première est le *guanaco;* il habite de trois mille à trois mille cinq cents mètres au-dessus du niveau de la mer, dans les Andes du Chili, de l'Araucanie jusqu'aux confins de la Patagonie. Le *lama domestique* paraît une race descendant du guanaco; on en trouve aujourd'hui de nombreux troupeaux d'individus retournés à l'état sauvage, dans les parties de la Cordillère des Andes qui traversent la Bolivie, le Pérou, l'Équateur et la Nouvelle-Grenade. C'est que, depuis le XVIe et le XVIIe siècle, les Européens ont introduit dans ces contrées leurs bœufs domestiques, leurs mulets, leurs moutons. Les lamas, devenus moins indispensables, ont été abandonnés souvent à eux-mêmes, et, rendus à la vie sauvage, ont pullulé en liberté.

La seconde espèce est la *vigogne*, qui est un peu plus petite. Sa laine est plus fine, plus soyeuse et plus estimée. Il s'en fait un commerce entre l'Amérique et l'Europe. La vigogne est d'une couleur brun rougeâtre; mais elle est beaucoup moins commune que l'*alpaca*, race domestique qui en descend, et dont la toison est plus foncée. Cette espèce est originaire des hautes montagnes de la Bolivie et du Pérou.

CHAPITRE VI

LES MAMMIFÈRES A SABOTS

QUI NE RUMINENT PAS

§ 1. — LES CHEVAUX SAUVAGES

Le genre des *chevaux* est composé de huit espèces, toutes
de l'ancien continent, dont les formes et la taille se rapprochent plus ou moins de celles du cheval ou de celles de
l'âne. Cinq de ces espèces sont originaires de l'Asie; trois
sont africaines. La plus importante des espèces asiatiques,
le *cheval* proprement dit, est depuis longtemps réduite,
d'une façon complète, à l'état domestique. Ces races nom-
brèuses ont été importées peu à peu dans tous les pays du
monde. Une seconde espèce asiatique, l'*âne,* est aussi
domestiquée entièrement; quoique moins généralement
répandu que le cheval, l'âne a été importé dans beaucoup
de contrées par les divers peuples qui l'élevaient et en faisaient usage. Il ne reste donc plus en Asie que trois espèces
de chevaux sauvages : l'*hémione* ou *dzigguetai,* l'*hémippe* et

l'*onagre*. Les trois espèces qui habitent l'Afrique sont aussi à l'état sauvage ; ce sont : le *zébre,* le *couagya* et le *dauw* ou *onagga.*

Toutes ces espèces, aussi bien que le cheval et l'âne, se distinguent des autres mammifères par la conformation de leurs extrémités. Les membres de devant, aussi bien que ceux de derrière, sont terminés par un seul sabot. Ce n'est plus le pied fourchu des ruminants ; c'est un pied d'une seule pièce, qui ne se voit que chez les animaux de ce genre. On les a désignés sous le nom de *solipèdes,* qui signifie pied d'un seul morceau. Ce sabot unique est évidemment l'extrémité d'un doigt ; et, comme chacun des pieds des diverses espèces de chevaux ne porte aucune trace d'autre sabot, il est évident que chaque membre a pour extrémité un seul doigt, les autres ne s'étant pas développés. Ainsi, chez les chevaux, les deux mains, aussi bien que les pieds, se trouvent réduites de cinq doigts à un seul. Aussi a-t-on encore appelé les animaux de ce groupe *monodactyles,* ce qui veut dire animaux à un seul doigt.

En effet, si l'on jette les yeux sur le membre antérieur d'un cheval, on y trouve les parties suivantes. En haut, à la base du cou ou *encolure,* *l'épaule,* dont la pointe vient faire saillie sur l'un des côtés de la base inférieure du cou. Vient ensuite le *bras,* dont le *çoude* se voit à la hauteur de cette partie de la poitrine où passe d'habitude la sangle ou la sous-ventrière. On trouve à la suite du bras une partie allongée, charnue en haut, osseuse vers le bas, qui est l'*avant-bras.* Celui-ci se termine par une articulation qui fléchit le membre vers l'arrière. On lui donne communément le nom de *genou ;* mais en réalité c'est le *poignet.* Un cheval qui choppe de l'avant et s'agenouille, comme on dit souvent, ne tombe pas sur ses genoux, mais sur ses poignets. Ce qui suit est la main ; le premier article, allongé et très peu charnu, que l'on nomme le *canon,* est un des os de la paume de la main ; les trois petits articles de l'extrémité, *boulet*, *paturon* et *sabot*, sont les trois phalanges du doigt. On trouvera de même au train de derrière, après la *hanche*, qui forme l'angle de la croupe, la *cuisse*, dont le genou, appelé *grasset*, est au niveau du ventre de chaque côté. La jambe s'étend à la suite, du grasset à ce que l'on nomme vulgairement le *jarret*, qui en réalité est le talon du cheval, saillie très marquée, dirigée en arrière, et sur les deux côtés de laquelle se reconnaissent très bien les deux chevilles. Le reste du membre est le pied, composé d'un seul doigt; un *canon* représentant la plante du pied, suivi d'un *boulet*, d'un *paturon* et d'un *sabot*, qui forment le doigt proprement dit.

La bouche des chevaux est aussi conformée d'une façon particulière. On y trouve, sur le devant, six dents incisives à la mâchoire supérieure, et autant à l'inférieure. Au fond de la bouche sont implantées des dents molaires robustes, aplaties en meules, et aussi propres à broyer les grains et les herbes que celles des ruminants. La mâchoire supérieure a sept molaires de chaque côté; la mâchoire inférieure n'en a que six. Entre les molaires et les incisives, on voit à chaque mâchoire un assez long espace où la gencive est nue; ce sont les *barres*. C'est là que se place le mors du cheval et de l'âne. Chez les mâles, chaque barre porte une canine en bas, et souvent aussi en haut.

Les oreilles des diverses espèces de ce genre sont dressées et mobiles; mais la longueur varie beaucoup. La queue présente d'autres différences : tantôt elle est courte et garnie de longs crins sur toute sa longueur; tantôt longue, couverte de poils ras dans sa plus grande partie, elle se termine seulement par un bouquet de longs poils. Le cheval a les oreilles courtes et la queue courte, garnie partout de longs crins. L'âne a les oreilles longues et la queue longue avec un bouquet terminal. Parmi les espèces sauvages, la plupart ressemblent plus, sous ces deux rapports, à l'âne qu'au cheval.

Quelques tentatives ont été faites pour domestiquer

l'hémione, le zèbre, et l'on n'a pas trouvé chez ces animaux un caractère farouche ni intraitable. Mais ces essais n'ont pas eu de suite, et l'on ne saurait prévoir le moment où les hommes feront la conquête d'une nouvelle espèce de ce genre. Les peuples des pays où vivent à l'état sauvage et en troupes nombreuses l'hémione, le zèbre, le couagga, multiplient chez eux les diverses races de l'espèce du cheval. Ils ne font aucun effort suivi pour aller prendre au désert l'espèce indigène et la rendre domestique. Il est cependant probable que les espèces sauvages du genre des chevaux se plieraient facilement à la vie domestique, et, comme le cheval, s'arrangeraient à peu près de tous les climats.

L'*hémione* (ce nom signifie demi-âne) ou *dzigguetai* habite par troupes d'une vingtaine d'individus les plaines et les vallées sauvages de l'Hindoustan. Il a la tête grosse, les oreilles moins longues que celles de l'âne, la queue longue, terminée par un bouquet de crins. Ses formes sont fines et légères. Sa robe est d'un blond isabelle en dessus, blanche en dessous. Sur le haut de la tête et sur le cou se dresse une courte crinière noire, que continue tout le long du dos une raie de la même couleur. Sa taille est plus grande que celle de l'âne, un peu moindre que celle du cheval. Rien n'égale la vitesse de l'hémione à la course; elle est proverbiale chez les Mongols. Selon leurs fables sacrées, c'est sur un hémione que court le dieu du feu.

L'*hémippe* (ce nom signifie demi-cheval) est une autre espèce dont l'aspect et la coloration rappellent la précédente. Mais la tête est beaucoup plus fine, les oreilles plus courtes, la crinière plus fournie, ainsi que la queue. Ces divers traits rappellent plus le cheval que l'âne. Les hémippes vivent en troupes nombreuses dans le désert qui s'étend, en Syrie, de Tadmor (ancienne Palmyre) à Bagdad. Nous ne connaissons cette espèce en Europe que depuis 1815. L'*onagre* (ce nom veut dire âne sauvage) est la troisième espèce asiatique. Elle est encore imparfaitement connue, et se rapproche par certains traits de l'âne, et par d'autres de l'hémione. Elle est à peu près des mêmes contrées que l'hémippe.

Les trois espèces africaines se distinguent par les rayures transversales de leurs robes. Le *zèbre* présente ce caractère

L'hémione ou dzigguetai.

au plus haut degré. Il ressemble à l'âne, mais avec une plus grande taille. Sa robe, d'un blond isabelle, est marquée le long du dos d'une raie noire qui continue la crinière; en outre, toutes les parties du corps sont rayées transversalement de lignes noires et blanches très régulières. Cela fait à cet animal une fort belle parure. Les zèbres parcourent en troupes les déserts de l'Afrique australe, dans le nord de la Cafrerie. Un peu plus au sud, vers les confins des colonies du Cap et de Natal, habite, avec les mêmes mœurs, le *couagga*, appelé vulgairement *âne isabelle* ou *cheval du Cap*. Celui-ci ressemble beaucoup plus au cheval que toutes les autres espèces du même genre. Il en a la taille, à peu près les oreilles, mais non la queue. Celle du couagga est longue et terminée par une longue touffe de poils blancs. La robe est encore de cette teinte isabelle qui est générale chez les espèces de chevaux sauvages. Des raies brunes transversales ornent la tête et l'encolure, et s'arrêtent au bord des épaules. Le dos porte une raie noire longitudinale. Ce sont les mêmes contrées qui nourrissent le *daum* ou *onagga*, troisième espèce à robe zébrée. Il a des formes analogues à celles de l'âne, mais moins lourdes. Une raie noire bordée de blanc suit la ligne du dos; des rayures transversales blanches et noires couvrent le dos et le cou.

§ 2. — LES CHEVAUX DOMESTIQUES

Les chevaux que possèdent à peu près tous les peuples aujourd'hui sont les descendants d'une même espèce. Elle a probablement eu pour berceau ces immenses plateaux du massif central de l'Asie où errent, depuis bien des siècles, les tribus nomades des Tartares, qui sont peut-être les meilleurs cavaliers du monde.

De cette patrie première les chevaux domestiques ont été importés peu à peu en Chine et dans la Mandchourie, en Sibérie, dans les Indes, en Perse, en Syrie et en Asie Mineure, puis plus tard en Europe. Les traditions les plus lointaines de l'humanité ont conservé le souvenir de ces importations successives du plus beau et du plus noble de nos animaux domestiques. Les premiers récits de la Bible ne parlent pas de chevaux parmi les animaux qu'élevaient les anciens patriarches. C'est au temps des juges, vers le XII⁰ siècle avant Jésus-Christ, que les Hébreux reçurent des peuples de Syrie les premiers chevaux qu'ils aient possédés. Ces peuples élevaient déjà des chevaux renommés quatorze à quinze siècles avant notre ère. C'est vers cette époque que les chevaux furent naturalisés en Grèce. On se rappelle la légende mythologique de la fondation d'Athènes. Quel dieu donnera son nom à la cité naissante? C'est par un bienfait qu'il doit le mériter. Neptune, le dieu de la mer, frappe la terre de son trident, et il en sort un cheval. Minerve, déesse de la sagesse, que les Grecs nommaient Athênè, frappe à son tour la terre de sa lance, et il en sort un olivier. Ce don, plus estimable encore que celui du cheval, assura la préférence à Minerve. Mais on voit clairement dans cette légende le souvenir d'une importation des premiers chevaux en Grèce par des navires venus des côtes de Syrie. On trouve de même, dans les sculptures murales de l'Égypte, la preuve que les Égyptiens ont reçu de la même source les chevaux, qu'à une époque très reculée ils ne connaissaient pas. Quant aux Chinois, le peuple aux traditions immuables et aux antiques documents historiques, on voit dans leurs livres anciens qu'au XX⁰ siècle avant Jésus-Christ la Chine possédait déjà des chevaux, mais les regardait comme des animaux étrangers introduits sur son sol. C'est seulement du II⁰ au VII⁰ siècle après Jésus-Christ que les chevaux de Syrie, de Perse et de Cappadoce furent importés dans les diverses parties de l'Arabie.

Pour ce qui concerne les deux Amériques, nous savons d'une façon positive que sur ce vaste continent il n'existait aucun cheval avant 1492, date de la première arrivée des Européens avec Christophe Colomb. La vue des cavaliers causa même une véritable terreur aux indigènes américains, qui n'avaient aucune idée d'un homme monté sur un cheval. Les chevaux innombrables qui vivent actuellement dans les deux Amériques descendent de tous ceux que les colons européens y ont amenés depuis près de quatre siècles. Les mêmes faits se sont reproduits plus récemment en Australie.

Dans ces migrations successives, soumise à l'influence de climats très variés, élevée de façons très différentes, employée à des usages divers, cette belle espèce a varié d'une manière prodigieuse. Chaque pays a fait, pour ainsi dire, ses races propres. La couleur de la robe, la taille et les proportions du corps se sont modifiées en divers sens, et au milieu de ces variétés multiples le type primitif a disparu.

Dans les vastes steppes ou plaines herbues de la Tartarie, on trouve encore, il est vrai, des chevaux sauvages qu'on appelle *trépans*. Mais ces animaux n'ont pas conservé leur caractère originel. Ils se croisent sans cesse avec des individus échappés des campements tartares et retournés, au moins temporairement, à la vie de liberté. Leur type n'a donc plus sa pureté. Quant aux chevaux sauvages qui peuplent de leurs troupes immenses les pampas ou plaines inhabitées de la Plata et de la Patagonie, nous savons, à n'en pouvoir douter, que ce sont des descendants de chevaux domestiques d'Europe retournés à la vie du désert.

Du reste les chevaux sauvages de la Tartarie et de l'Amérique ne sont pas très difficiles à dompter. Les Tartares en prennent souvent pour s'en servir un certain temps, puis ils les rendent à la liberté et aux pâturages naturels. On fait de même dans les pampas. Pour s'emparer d'un ou de plusieurs chevaux sauvages, on en chasse habituellement toute une troupe en la dirigeant vers un enclos circulaire, appelé *corra*, formé de pieux solidement plantés en terre. Le chef de la chasse monte alors sur un vigoureux cheval domestique bien dressé, et s'avance armé d'un *lazo*. C'est une longue courroie tressée, fixée par un bout à la selle du cheval et terminée à l'autre bout par un large nœud coulant. Le cavalier lance ce nœud autour du cou du premier jeune cheval sauvage qui se présente à lui favorablement, et, mettant son propre cheval au galop, il entraîne son captif hors de l'enceinte. Au moyen de cordes enlacées autour des jambes, on le terrasse. On lui met dans la bouche une forte courroie en forme de bride et on le selle. Un nouveau cavalier, dont les talons sont armés d'éperons à pointes très aiguës, lui retire alors ses entraves, saute vivement en selle et le laisse courir à sa guise. Le cheval sauvage fait d'abord des efforts incroyables pour se débarrasser de son cavalier; mais celui-ci tient bon, pique la bête des deux éperons et la lance au galop. Après une course à fond de train plus ou moins longue, l'animal se laisse ramener à la corra; il est dompté. Alors on lui ôte sa bride et on le mêle aux chevaux domestiques. Il ne songe plus à fuir ni à désobéir.

Dans nos contrées, il est plus coûteux, plus long, mais moins périlleux peut-être de se procurer un cheval. Je ne parle pas, bien entendu, du marché, où on les trouve tout faits et tout domestiqués. Je parle de l'élevage; c'est une opération délicate et laborieuse. Le poulain vient au monde privé de dents sur le devant de la bouche. Il a seulement deux molaires de chaque côté, à chaque mâchoire. Au bout de quelques jours les deux incisives du milieu, appelées *pinces*, se montrent en haut et en bas; puis bientôt une troisième molaire. Vers un mois et demi poussent les incisives *mitoyennes*, et à six ou huit mois les incisives latérales ou *coins*, ainsi qu'une quatrième molaire. La première dentition, ou *dentition de lait*, est alors complète.

Jusqu'à l'âge de trois ans il ne survient d'autre changement que les effets de l'usure des incisives. Leur fossette centrale, colorée en noir par les aliments, disparaît progressivement. De treize à seize mois les pinces *rasent*, c'est-à–dire que les saillies et les enfoncements de leur surface s'effacent tout à fait. De seize à vingt mois les *mitoyennes* rasent à leur tour, et les *coins*, de vingt à vingt-quatre mois.

Le travail de la seconde dentition ou *dentition de remplacement* commence vers deux ans et demi. Les nouvelles dents sont plus larges, plus longues et moins blanches que les dents de lait; de plus elles ne sont pas rétrécies comme celle-ci au niveau de la gencive. Les pinces tombent et sont remplacées les premières; les mitoyennes, à trois ans et demi; les coins, de quatre ans et demi à cinq ans. Les canines inférieures ou crochets ont apparu vers trois ans et demi; les supérieures se montrent en même temps que se renouvellent les coins. A la même époque sort la cinquième molaire.

Les incisives de remplacement sont, comme celles de lait, creusées d'une fossette, qui s'efface aussi peu à peu par l'usure. Les pinces inférieures sont rasées à six ans; à sept ans, celles d'en haut. A huit ans, c'est le tour des mitoyennes, et bientôt celui des coins.

Après ces divers changements, les incisives du cheval ne fournissent plus de signe précis qui permette de reconnaître l'âge. C'est, disent les maquignons, une bête *hors d'âge*. Néanmoins on arrive encore, par l'examen des dents, à estimer approximativement l'âge des chevaux après huit ans. Le cheval est vieux vers quinze à dix-huit ans; sa vie ne dépasse habituellement pas trente ans.

Le premier usage que les peuples ont fait du cheval domestique paraît n'avoir pas été toujours le même. Les peuples pasteurs nomades semblent l'avoir toujours employé comme monture, et assez peu comme bête de trait pour tirer des chariots, encore moins comme bête de somme pour transporter des fardeaux. Au contraire, les peuples de la Perse, de la Syrie et de l'Asie Mineure ont probablement commencé par atteler le cheval, et ne l'ont monté qu'assez longtemps après. Bien que la chair du cheval soit fort bonne à manger, aucun peuple n'élève ce noble animal pour la boucherie.

Le *cheval de bât*, c'est-à-dire destiné à porter des fardeaux, n'existe plus depuis longtemps dans la plupart des pays de l'Europe centrale et occidentale. Nos races de chevaux sont destinées à être montées, *chevaux de selle*, ou à être attelées, *chevaux de trait*. Les chevaux montés sont consacrés à trois sortes bien différentes de cavaliers. Il y a d'abord les hommes, ou même les dames riches, qui font de l'équitation un exercice de luxe. A eux les chevaux de selle de luxe, parmi lesquels on distingue les chevaux *de promenade*, les chevaux *de manège* et les chevaux *de chasse*. D'autres chevaux de selle sont dits *de service*, parce qu'ils sont montés par des voyageurs ou par des maîtres occupés d'affaires exigeant de fréquents déplacements. Enfin un des plus nobles emplois du cheval de selle, c'est la guerre. Le *cheval de guerre* est un des principaux éléments de la puissance d'un peuple ; sans lui pas de cavalerie pour appuyer les gens de pied dans les armées. On distingue, parmi les chevaux de guerre, ceux *de cavalerie légère*, ceux *de cavalerie de ligne* et ceux *de cavalerie de réserve* ou *grosse cavalerie*.

Des divisions analogues doivent être établies parmi les races de chevaux de trait. Les uns sont des *chevaux d'attelage* propres *aux carrosses* ou *voitures de luxe*, ou aux *voitures de service*. D'autres sont des *chevaux de trait léger*, parmi lesquels on établit quatre catégories : *chevaux de poste, chevaux de diligences*, omnibus ou tramways, *chevaux d'artillerie* et *chevaux du train des équipages militaires*. D'autres enfin sont conformés pour les grosses voitures, les pesantes charrettes ; ce sont les *chevaux de gros trait*, classés en *chevaux de roulage*, *chevaux de ferme* et *chevaux de charrette*.

Les chevaux de selle sont d'une taille étoffée, sans être les plus grands des diverses races. Leur corps est allongé et plus ou moins effilé. Leurs jambes sont fines et nerveuses. Leur encolure est longue, et la tête est amincie en pointe vers le museau, qui est fin, mobile et percé de narines bien ouvertes. La poitrine est surtout ample et développée en hauteur. La croupe est longue et un peu resserrée. Deux races célèbres fournissent les types du cheval de selle, et au besoin régénèrent les races dont la vitesse et la légèreté s'altèrent : c'est la *race arabe* et la *race anglaise pur sang*, qui descend de la première par croisement. C'est au pied des Pyrénées, dans les montagnes du Limousin, en Bretagne et en Normandie que la France produit ses meilleures races de chevaux de selle. On en tire aussi du Rouergue, de l'Auvergne et de l'Anjou.

Les *chevaux de trait* ont en général plus de taille, plus de lourdeur, surtout dans les membres, la croupe, l'encolure et la tête. Le corps est plus ramassé. Les sabots, plus gros et plus larges, sont surmontés de boulets plus épais et souvent plus chargés de poils. On peut regarder comme les plus beaux chevaux d'attelage ceux de la *race Cheveland bai* (rouge de robe) des comtés d'York, de Durham, de Lincoln et de Northumberland en Angleterre. Les Français peuvent lui opposer la belle race du Calvados et de la Manche, qu'on appelle *demi-sang anglo-normand carrossier*. On estime beaucoup aussi la race des *chevaux du Nord,* qui proviennent du Hanovre, du Mecklembourg, du Holstein et de la Hollande.

La race *percheronne,* que l'on élève en Eure-et-Loir, Loir-et-Cher, dans la Sarthe et dans l'Orne, est une des plus belles races que produise la France. C'est un beau type de cheval de trait léger. Pour le service des omnibus, on en produit une variété plus forte et plus grande que le type primitif. On peut citer avec distinction, pour le service de l'artillerie, la race *ardennaise*. Mais la France peut surtout vanter à juste titre ses chevaux de gros trait, les *boulonnais,* qui s'élèvent dans le Pas-de-Calais, le Nord, la Somme et jusque dans la Seine-Inférieure. On ne peut lui opposer, mais sans les lui préférer, que le *cheval noir*, et le *cheval de Suffolk* des Anglais. Les chevaux de gros trait ont la plus grande taille et les plus robustes proportions que prennent les races de chevaux domestiques.

§ 3. — L'ANE ET LE MULET

Plus petit, plus laid, plus indocile, plus délicat de constitution physique que le cheval, l'âne doit à ses longues oreilles, à sa grosse tête lourde et penchée vers la terre, à son cri rauque et insupportable, un renom ridicule que rien ne peut détruire. On sait qu'il est sobre, patient et résigné; que pour sa taille il déploie une vigueur surprenante; que son pied a une sûreté extrême qui prévient les chutes. Qu'importe! on lui reproche son entêtement, que souvent les coups et les mauvais traitements ont développé, et ses formes disgracieuses, qui s'amélioreraient promptement et d'une façon singulière si l'on mettait à le produire et à l'élever tous les soins que l'on consacre aux races chevalines. Dans nos pays surtout, c'est toujours *maître Aliboron,*

> Le pelé, le galeux, d'où venait tout le mal,

que nous a dépeint la Fontaine. Plus favorisé par le climat, mieux traité à beaucoup d'égards, l'âne de Syrie, d'Égypte, de Tunisie, d'Algérie, est vraiment une tout autre bête. Sa robe est plus belle avec ses tons gris-perlés. Ses formes sont plus étoffées, et sa tenue est moins humble; mais il brait là-bas comme chez nous, et, il faut en convenir, c'est un grand inconvénient, surtout avec l'instinct qu'ont les ânes de répondre tous, par les mêmes cris discordants, au premier qui se fait entendre.

La vie normale de l'âne est aussi longue que celle du cheval. Autant le poulain est gentil et gracieux, autant l'ânon est ridicule et bizarre. L'âne ne court que très mal, d'un trot saccadé et très dur ; il ne galope, pour ainsi dire, point. Son allure est le pas. Son poil est, en France, d'un gris plus ou moins brun. Sur ses épaules se voit une croix noire, formée par une ligne dorsale que coupe à angle droit une autre raie transversale placée sur les épaules. On assure que l'*âne sauvage* existe en troupes nombreuses dans l'Asie occidentale. Elles émigrent, l'hiver, dans le midi de la Perse et de l'Inde. Elles remontent, en été, vers le nord jusqu'aux monts Ourals, au bord de la mer Caspienne.

Dès la plus haute antiquité les Égyptiens ont employé l'âne comme bête de somme. C'est en Égypte qu'Abraham et les Hébreux apprirent à l'élever et à s'en servir. C'est plus tard qu'il a été successivement introduit dans les pays barbaresques, en Grèce, en Italie, en Espagne, et ainsi de suite.

L'âne serait très précieux dans les montagnes à sentiers escarpés s'il avait plus de force ; ce serait alors une bête de somme précieuse. Pour produire un animal de charge qui eût la force du cheval avec la marche sûre et la courageuse opiniâtreté de l'âne, on a depuis longtemps croisé ces deux espèces, et obtenu de ce croisement les animaux que l'on nomme des *mulets*. La France en produit beaucoup au sud de la Loire, en Poitou et en Gascogne, mais elle en exporte le plus grand nombre en Espagne, en Italie, en Suisse, où elle en fait un commerce important. Le mulet est en général d'une couleur noirâtre ; il a la raie dorsale de l'âne, mais habituellement sans celle qui la croise. Il garde aussi les longues oreilles, le sabot serré, le poil ras et rude ; mais c'est une bête au moins aussi forte que le cheval, peu sensible aux fortes chaleurs, et d'une sobriété précieuse. Son caractère est souvent difficile et obstiné.

§ 4. — LES SANGLIERS ET LES COCHONS

On trouve en Europe, en Asie, en Afrique, en Amérique, même dans l'île de Madagascar, des espèces sauvages du genre d'animaux que les naturalistes appellent *cochons*, mais que le vulgaire appelle *sangliers* lorsqu'ils vivent à l'état sauvage. Ce sont des animaux d'une taille moyenne, dont les cochons domestiques donnent une idée. Ils se distinguent par l'allongement de leur tête et la brièveté du cou; par la disposition de leur nez, qui s'avance en pain de sucre, puis, brusquement tronqué, s'épanouit en une rondelle charnue, mobile, et au milieu de laquelle s'ouvrent les deux narines. C'est là ce que l'on désigne par le terme de *groin*. On nomme *hure* toute cette tête, pointue en avant et haute en arrière. La bouche contient un nombre variable de dents molaires à couronnes tuberculeuses, des incisives inférieures très inclinées en avant, deux paires de dents canines recourbées en crocs, et qui, chez les mâles, ressortent de chaque côté du groin pour constituer de redoutables défenses. Le corps est ramassé; les membres sont courts, assez minces, et terminés, comme ceux des ruminants, par des pieds fourchus où l'on reconnaît quatre doigts : deux, bien développés, dont les deux sabots posent à terre; deux autres, plus petits, accolés derrière les premiers, et trop courts pour atteindre le sol.

Chacun a entendu parler du *sanglier commun*, ou *sanglier d'Europe*, qui est un des hôtes et des gibiers de nos forêts. Le mâle porte vulgairement, et en termes de chasse, le nom de *verrat;* la femelle, celui de *laie*, et les jeunes, celui de *marcassins*. Ceux-ci perdent ce nom à six mois, lorsque s'effacent les bandes brunes dont sont rayés leurs flancs et qui forment la *livrée*. Le marcassin devient alors une *bête rousse* jusqu'à un an. Durant la deuxième année, on l'appelle *bête de compagnie;* mais pendant la troisième, les défenses commencent à saillir hors de la gueule, c'est un *rayot*. De trois à quatre ans, il reçoit le nom de *sanglier à son tiers d'an*, et celui de *quartanier* entre quatre et cinq ans. Ce sont les deux années où les défenses sont le plus dangereuses. Après cinq ans, elles s'usent, s'émoussent et se courbent en arrière. L'usure y produit une facette polie ; alors on dit qu'elles sont *mirées;* l'animal est un *sanglier miré*. Lorsqu'il a passé neuf à dix ans, on lui donne les noms de *vieux sanglier, porc entier, solitaire, vieux ermite*. La vie du sanglier atteint rarement trente ans. Les sangliers vivent dans les forêts ; ils recherchent les fourrés humides et y établissent leur gîte, qu'on nomme *bauge*. Non loin de là est une mare ou une large flaque d'eau, où de temps en temps ils vont se vautrer ; c'est leur *souil*. Ces animaux vivent de fruits, surtout de glands, de châtaignes, de faînes, et aussi de racines et de grains. On sait que ce sont des bêtes redou tables, et que leur chasse est une des plus dangereuses que l'on fasse dans nos pays. Ce sont en même temps des bêtes nuisibles ; car la nuit ils sortent des forêts, parcourent les champs voisins, labourant tout de leur groin pour rechercher les pommes de terre, les turneps et autres racines atteignant les jeunes lapins dans leurs terriers, les levrauts et les perdreaux dans leurs gîtes. L'Angleterre, depuis le XIIIe siècle, ne possède plus de sangliers. On n'en trouve pas en Suède, en Norvège et dans le nord de la Russie. Ils existent dans le reste de l'Europe, au Maroc, en Algérie et dans la Tunisie. Les Européens ont importé dans le nouveau monde, immédiatement après sa découverte, un grand nombre de cochons domestiques. En beaucoup de pays, des individus ont été abandonnés et ont repris la vie sauvage. Leurs descendants, devenus aujourd'hui de véri- tables sangliers, peuplent plus d'une forêt de l'Amérique du Sud ou des Antilles, où on les désigne sous le nom de *cochons marrons*.

On connaît une dizaine d'espèces étrangères de sangliers. Deux ou trois sont de l'Afrique australe; une, du nord du Sénégal et des environs du cap Vert; une autre, de Madagascar; le reste, de la côte de Malabar et des îles de la Sonde.

Le continent américain ne possédait point de sangliers ni de cochons lorsque les Européens y ont pénétré dans le xvie et le xviie siècle, mais l'Amérique du Sud produit en abondance des animaux analogues, appelés *pécaris*.

Les *cochons domestiques* sont aujourd'hui répandus par toute la terre: les hommes les ont partout transportés avec eux. C'est l'animal de ferme, ou plutôt de basse-cour, le plus facile à nourrir; car il s'arrange de tous les déchets, de toutes les issues du mondage des produits de récolte. Il s'élève vite, s'engraisse fort bien, donne une chair excellente et un lard fort utile. Enfin sa viande et les autres parties de son corps se préparent facilement en excellentes salaisons et en conserves précieuses pour la mauvaise saison. La domestication modifie profondément le sanglier pour le transformer en un cochon. Elle lui enlève ses redoutables défenses, dont le développement est notablement réduit; elle lui allonge le corps, enlève à sa chair un goût sauvage beaucoup trop marqué, dépouille sa peau du rude pelage de l'état sauvage pour n'y laisser que des soies fort rares; enfin elle augmente considérablement les oreilles, qui, au lieu de rester droites et rejetées en arrière, retombent presque sur les yeux.

L'influence des divers pays a, depuis longtemps, créé beaucoup de races porcines. Les unes, hautes sur jambes, ont de longues oreilles flasques et pendantes, le dos voûté. Elles s'élèvent lentement, et s'engraissent seulement vers deux ans. Ce sont les races naturelles aux diverses provinces de France, *porc craonnais, normand, bourguignon, charolais;* celles de l'Allemagne et de la plus grande partie de l'Europe. Les agriculteurs anglais ont cherché à perfectionner les races analogues qu'ils possédaient ; ils en ont créé plusieurs très remarquables par leur aptitude extraordinaire à l'engraissement, par l'abondance de la chair et la petitesse des os, par la finesse de la peau, et par la précocité de l'élevage. On peut citer surtout la grande race d'*York*, qui est blanche, et la petite race d'*Essex*, qui est noire. L'Amérique du Nord élève maintenant des milliers de cochons, dont elle envoie en Europe les salaisons et les conserves.

§ 5. — LES TAPIRS

Ces animaux, étrangers à l'Europe, sont en quelque sorte des cochons à trompe ; cependant ils ne sont pas assez semblables aux sangliers pour faire partie de la même famille. Ce qui les distingue surtout, c'est que leur museau, au lieu d'être conformé seulement en un groin mobile, se prolonge en une véritable petite trompe longue de dix à douze centimètres, et qui, comme un doigt placé au bout du nez, saisit les aliments que l'animal veut introduire dans sa bouche. Cette trompe contient le double conduit des narines, qui s'ouvrent à son extrémité. Les *tapirs* sont de plus grande taille que les sangliers ; ils se rapprochent plutôt de celle de l'âne. On en connaît maintenant trois espèces. L'une vit dans les marécages et les lagunes fluviales des larges vallées de l'Amérique du Sud ; c'est le *tapir d'Amérique,* nommé *boeri* par les Indiens, *mule sauvage* et *cheval marin* par les colons. Il a été découvert dès les premières années du XVIᵉ siècle. Une seconde espèce, un peu moins grande, a été trouvée en 1827 dans les hautes régions de la Cordillère des Andes, le *tapir pincache,* qui est noir, tandis que l'autre est brun. En 1818, on a découvert aussi à Malacca, à Sumatra, à Bornéo, une espèce de tapir appelé par les indigènes *maiba*, et que les naturalistes ont désigné sous le nom de *tapir de l'Inde;* c'est la plus grande espèce. Il est gris sur le dos, et brun-noir dans les autres parties.

L'animal fabuleux si souvent représenté par les artistes grecs de l'antiquité sous le nom de *gryphon*, qui signifie *bec de vautour;* cet animal quadrupède à bec d'oiseau et à corps ailé, que l'on voit particulièrement dans les dessins décoratifs, n'est peut-être qu'une figure altérée du tapir indien, dont la petite trompe aura été prise, sur les figures primitives, pour un bec crochu, et auquel on aura ajouté des ailes parce qu'on lui croyait un bec d'oiseau.

§ 6. — LES ÉLÉPHANTS

Nous voici en présence d'un des colosses du règne animal. Son nom est devenu synonyme de celui de géant parmi les animaux; mais dans cette lourde masse vit une créature intelligente et susceptible d'affection. Cette bête, d'une puissance incomparable, est beaucoup plus docile et serviable que malfaisante, au moins en captivité. D'ailleurs ce géant ne se nourrit ni de chair ni d'aucune substance animale. Il vit d'herbes, de racines, de jeunes pousses des arbres. Il est très friand de fruits et de plantes sucrées, telles que la canne à sucre et le maïs.

La structure de l'*éléphant* est connue à peu près de tout le monde, bien que ce soit un animal de pays lointains. Chacun a vu, soit au naturel, soit sur des dessins, ce corps immense, court et renflé, porté par quatre jambes en forme de colonnes, et terminé par une toute petite queue; cette tête énorme, attachée au tronc par un cou extrêmement court, animée par deux petits yeux très expressifs, garnie sur les côtés de deux larges oreilles, tantôt couchées en arrière, tantôt ouvertes au vent comme deux voiles. On y a surtout remarqué le trait saillant de la conformation de ce singulier animal : cette trompe dont la base est protégée par deux longues dents ou défenses et qui descend jusqu'à terre, se courbe et s'enroule en tous sens, et saisit les moindres objets aussi bien qu'elle assène des coups terribles. C'est le plus merveilleux instrument que cette masse intelligente puisse avoir à sa disposition.

La trompe de l'éléphant est un prolongement du nez de l'animal. Elle contient intérieurem nt le double conduit des narines, qui sont ouvertes à son extrémité; mais en même temps le bord supérieur de l'extrémité de la trompe se prolonge en une sorte de doigt exclusivement charnu, qui sert à l'animal comme une sorte de main. En dessous de la base de la trompe se trouve la bouche. Pour y recevoir ce qu'on y veut jeter, l'éléphant est obligé de relever toute sa trompe en l'enroulant sur elle-même. Pour y introduire ce qu'il a pris lui-même, il saisit avec le bout de la trompe, et, repliant celle-ci vers la bouche, il y porte ses aliments comme nous le faisons avec notre main. Cette bouche est armée, à la mâchoire supérieure, des deux grandes défenses que l'on connaît, et qui sont deux magnifiques bâtons d'ivoire. Dans le fond, on trouve de chaque côté, en haut et en bas, deux énormes dents molaires, qui s'usent peu à peu par la mastication. Chacune d'elles est formée de nombreuses lames d'ivoire accolées en une seule série.

Le nom d'éléphant n'est pas, comme on l'a cru jusqu'au xviie siècle, celui d'une seule espèce. Sans parler des éléphants fossiles et des mastodontes, dont les ossements se trouvent si abondamment dans les couches du sol les moins anciennes, et dont les espèces ont cessé d'exister aujourd'hui, on est certain actuellement que *l'éléphant d'Asie* et *l'éléphant d'Afrique* sont des animaux du même genre, mais non pas de la même espèce. Ces deux animaux diffèrent par plusieurs particularités notables que je vais indiquer. On sait d'ailleurs, qu'il n'existe plus maintenant d'éléphants qu'en Asie et en Afrique. Dans cette dernière contrée, ils sont répandus depuis les confins des pays barbaresques et l'Abyssinie jusqu'au cap de Bonne-Espérance. En Asie, ils n'habitent que les parties méridionales et les grandes îles de la mer des Indes.

L'éléphant d'Asie existe depuis l'Indus, de l'ouest à l'est, jusqu'aux rivages de la mer de Chine, ainsi qu'à Ceylan, à Sumatra, à Bornéo. Sa tête est oblongue; son front, concave sur le milieu, est bombé de chaque côté. Ses oreilles sont moins grandes que celles de l'espèce africaine, et sont plus écartées l'une de l'autre. Les dents molaires de cette espèce sont marquées de rubans transversaux d'émail, qui, sur la coupe que produit l'usure, forment un dessin festonné. D'ailleurs l'éléphant d'Asie a les formes extérieures de celui d'Afrique; la peau est, chez l'un comme chez l'autre, rude et à peu près nue. La trompe est pareille chez les deux espèces. Chez toutes deux les pieds posent à terre par une plante courte et arrondie, sur le pourtour de laquelle on voit en avant et par côté cinq sabots assez petits, qui sont comme incrustés au bord de cette masse.

La couleur originaire des éléphants d'Asie est d'un gris terreux passant au brun. Cependant lorsque leur peau est humide, par exemple, lorsqu'ils viennent de se baigner, on distingue sur plusieurs parties du corps, et particulièrement sur la base de la trompe, des taches blanches légèrement tintées de couleur chair. Les poils sont grisâtres comme la plus grande partie de la peau. Chez quelques races d'éléphants, que les Malais, les Hindous et les Siamois estiment de préférence, et auxquels ils accordent parfois jusqu'à des honneurs divins, la couleur est entièrement d'un blanc rosé. Selon certaines peuplades des bords du Gange, les éléphants blancs sont animés par les âmes d'anciens rois. Les princes de Siam, du Pégou et de divers autres pays sont fiers de mentionner parmi leurs titres celui de *possesseur de l'éléphant blanc*. Le précieux animal est logé dans le palais, orné d'une manière somptueuse, et servi par de nombreux domestiques.

Les défenses de l'éléphant des Indes sont assez courtes, et c'est chez les femelles qu'elles offrent les moindres dimensions. Certains mâles, sans qu'on sache pour quel motif, en ont aussi de très faibles; on les nomme *mookna;* tandis que l'on appelle *daunthelah* (dentés) ceux qui ont de longues défenses. Il y a de nombreuses variétés parmi les daunthelah, qui diffèrent par la direction et la courbure des dents; on les estime d'autant plus qu'elles se rapprochent davantage de la direction horizontale. Les princes hindous professent un respect superstitieux pour les daunthelah qui n'ont qu'une défense, comme cela arrive à quelques individus.

Malgré la grosseur massive de son corps, l'éléphant ne manque pas de légèreté dans ses mouvements; il a un trot assez rapide, et il atteint sans peine un homme à la course. Comme il ne peut tourner que difficilement, on lui échappe en changeant souvent de direction. Il remue les oreilles en courant, et l'on a prétendu qu'il s'en sert quelquefois pour se diriger. Il descend avec peine les pentes très rapides; pour éviter d'être entraîné par le poids de sa tête et de ses défenses, il est alors obligé de ployer ses pieds de derrière sous sa croupe.

Le corps de cet animal étant à peine plus lourd que l'eau, il traverse aisément les rivières à la nage. C'est un conte ingénieux des anciens qui le représente marchant sur le lit du fleuve, submergé sous ses eaux, et la trompe élevée jusqu'à la surface pour respirer; l'éléphant n'a pas besoin de procéder de cette façon. Il ne souffre pas moins de l'excès de la chaleur que de l'excès du froid. Il se plaît dans les lieux humides et boisés, au bord des fleuves et des étangs.

L'instinct naturel des éléphants les porte à vivre en société; ils se tiennent en grandes troupes à l'abri des forêts. Ces troupes, ou hordes, comprennent depuis quarante

L'éléphant d'Afrique, vu de face.

jusqu'à cent individus de tout âge et de tout sexe. Chacune a pour chef un des mâles les plus âgés et les plus
vigoureux. Les plus jeunes animaux sont placés au milieu
avec les femelles; les mâles sont sur les flancs et en

queue. On rencontre de temps en temps des éléphants solitaires, que les Hindous nomment *grondash*, et que les
Européens appellent volontiers éléphants marrons. On les
dit plus dangereux que les autres.

Les éléphants qu'on possède en captivité ont tous été
capturés à l'état sauvage; on n'élève pas ce gros quadrupède. On emploie aux Indes deux procédés pour s'emparer
des éléphants, en troupes ou par individus isolés.

Une troupe entière doit être attaquée par un grand
nombre d'hommes armés. Ils se placent en cercle autour
d'elle, l'effrayent par le bruit des tam-tam, des armes à
feu et par l'éclat de la flamme; en même temps, ils se
prêtent mutuellement secours pour empêcher les éléphants
de s'échapper et pour les mener dans la direction voulue.
On les conduit ainsi vers une enceinte préparée, fermée de
larges fossés et de palissades d'arbres solidement enfon-
cés en terre, soutenus par des barres transversales et de
solides arcs-boutants. On a eu soin de garnir l'entrée de
feuillages frais, qui lui donnent l'aspect d'un sentier en
forêt. Cependant, lorsque la horde y arrive, le chef qui la
dirige s'arrête, flaire en tout sens avec sa trompe; il hé-
site longtemps à s'y engager. Mais le bruit continue, augmente plutôt; l'animal se décide à y pénétrer, et tous les
autres le suivent aussitôt. La horde est capturée; mais il
faut s'opposer par de grands cris, un bruit assourdissant
et l'éclat des flambeaux, aux efforts tentés pour rompre la
palissade, pour franchir le fossé. En même temps on les
isole peu à peu les uns des autres au moyen du stratagème
que voici : sur un échaffaudage élevé près de l'entrée d'un
couloir, on place de la nourriture qui les attire un à un.
Ce couloir est assez étroit pour qu'un éléphant ne puisse
pas s'y retourner. Dès que l'un d'eux y a pénétré, une
porte se ferme derrière lui. On place des traverses solides
en avant et en arrière; on lui prend les pieds dans des
nœuds coulants, on lui lie les jambes, et l'on finit ainsi
par dompter sa fureur.

La capture des éléphants exige moins de préparatifs lorsqu'on procède par individus isolés ; mais, de quelque manière que l'on s'en soit emparé, l'éducation qu'on leur donne est toujours la même. On les livre à des gardiens assistés de quelques valets, qui les habituent à l'esclavage par un mélange de caresses et de menaces ; en les grattant avec de longs bambous, en les aspergeant d'eau pour les rafraîchir, en leur donnant ou leur refusant leur nourriture. Quelquefois aussi on a recours aux châtiments, et on les frappe avec des bâtons garnis d'une pointe de fer. Le maître s'approche ainsi d'eux par degrés, jusqu'à ce qu'enfin l'éléphant qu'il a choisi lui permette de monter sur son cou. De là il dirige sans peine les mouvements de l'animal. Il faut environ six mois pour amener le captif à ce degré de docilité. Cependant on ne peut jamais compter sur une parfaite réussite ; car lorsqu'un éléphant qu'on croyait bien apprivoisé veut s'enfuir, tous les efforts de son conducteur ne peuvent l'arrêter.

L'éléphant est un des animaux les plus utiles que l'homme ait domptés. Sa force est prodigieuse ; il porte jusqu'à mille kilogrammes ; il tire à lui seul des fardeaux qu'il faudrait sept ou huit chevaux pour traîner. Il fait sans fatigue soixante à quatre-vingts kilomètres de chemin par jour ; au besoin, il en fait plus de cent vingt. Les Pers s et les Hindous l'employaient autrefois à la guerre. On le chargeait de soldats, montés sur des espèces de tourelles. On considérait les éléphants comme une partie importante dans les armées. Alexandre s'empara de ceux que possédait Darius et Porus ; ses successeurs se les partagèrent, et Pyrrhus, dans son expédition aventureuse à travers l'Italie, effraya les Romains, dans les premières rencontres, avec ceux de ces animaux qui lui étaient échus en partage. Aujourd'hui encore on monte l'éléphant pour chasser le tigre, la panthère et le lion. Bien qu'il s'effraye quelquefois de la lueur et du bruit des coups de feu, il est du plus grand secours. L'éléphant est constamment employé aux Indes pour transporter les fardeaux; on s'en sert aussi fréquemment comme monture de voyage.

L'éléphant d'Asie est surtout commun sur la côte de Malabar, au Bengale, dans le royaume d'Aracan au delà des bouches du Gange, au Pégou et à Siam.

L'éléphant d'Afrique a la tête plus arrondie, moins large en dessus; son front est moins bombé, et ses oreilles sont beaucoup plus grandes et plus rapprochées l'une de l'autre. Ses dents molaires, au lieu de montrer sur leur surface usée des dessins festonnés parallèles, présentent des losanges allongés assez réguliers. Ses défenses sont plus fortes. Quant aux mœurs, il n'y a guère de différence; mais on n'en capture point, et tous les individus sont à l'état sauvage. On les chasse pour leur chair, qui est bonne à manger, et pour leurs défenses, qui sont recherchées dans le commerce et s'y vendent à un haut prix. C'est la principale source où s'alimentent les peuples industrieux qui travaillent l'ivoire.

§ 7. — LES RHINOCÉROS, LES DAMANS ET LES HIPPOPOTAMES

Ces deux petites familles renferment de gros pachydermes de formes singulières, habitants de l'Asie méridionale et de l'Afrique. Le nom des *rhinocéros* signifie *nez cornu;* celui des *hippopotames* veut dire *chevaux de rivière.* Les *rhinocéros* ont, en effet, sur le nez une corne longue et dressée; des espèces en ont même deux, placées sur la ligne moyenne, l'une devant l'autre. La corne, ou les cornes, n'ont pas de noyau osseux comme celles des ruminants; elles sont tout entières de matière cornée. La peau qui recouvre le corps est un cuir épais; elle est en outre revêtue d'un épiderme, également fort épais, qui

enraidit de ses lames rigides des parties considérables de
la peau, ne laissant de souplesse qu'à certains plis mar-
qués au cou, aux bras, aux hanches et aux jambes. Ce
gros animal a donc l'apparence d'un quadrupède à cuirasse articulée, rappelant l'armure des chevaliers du moyen
âge. Les pieds sont un peu conformés comme ceux des
éléphants; mais on n'y trouve que trois doigts, indiqués
par trois grands sabots. La queue est rudimentaire. Il
n'existe presque pas de poils sur tout le corps. La bouche
possède vingt-huit dents molaires, un nombre d'incisives
variable selon les espèces, et deux canines à la mâchoire
supérieure. Ces robustes mammifères atteignent un mètre
soixante centimètres de hauteur sur le dos, et une longueur, du nez à la queue, de deux mètres quatre-vingt-
dix centimètres à trois mètres. Bien que ces colosses vivent
exclusivement de végétaux, ils sont aussi brutalement féroces que vigoureux et stupides. On en connaît plusieurs
espèces. Le *rhinocéros des Indes* habite, au delà du Gange,
d'impénétrables forêts. Le *rhinocéros de Java* est un peu
plus petit. Tous deux n'ont qu'une corne sur le nez. Le
rhinocéros d'Afrique en a deux. Il est aussi grand que celui
des Indes; mais il habite le Zululand, sur les confins de
la colonie de Natal. Une autre espèce plus grande, et dont
la peau est blanchâtre, vit aussi dans l'Afrique australe:
c'est le *rhinocéros de Burchell*. On chasse les rhinocéros,
malgré les dangers d'une telle chasse, d'abord parce que
dans le voisinage des plantations ils commettent des dégâts intolérables: puis parce que leur chair est bonne à
manger; enfin parce qu'on utilise leur cuir si épais et
l'épiderme dont il est couvert, aussi bien que la matière
qui forme la corne nasale.

Les ossements fossiles de rhinocéros se rencontrent très
abondamment dans le sol de toute l'Europe; ils appartiennent à trois ou quatre espèces éteintes aujourd'hui.

La figure ci-après représente un animal nommé le *daman de Syrie,* qui est à peu près de la taille d'un lapin. La

tête a un peu l'apparence de celle de beaucoup de rongeurs. Le corps est long, mais souple; les jambes de devant sont plus courtes que celles de derrière. Un poil fin
et épais couvre le corps; il n'y a, pour ainsi dire, pas de
queue. Sa dentition est semblable à celle des rhinocéros,
auprès desquels on le place. Les Arabes lui donnent un

Le daman de Syrie.

nom qui signifie *agneau des Hébreux,* et la loi de Moïse
interdit l'usage de sa chair comme impure, en le désignant
sous le nom de *saphan.* C'est cependant un gibier fort
agréable. On trouve des damans non seulement en Syrie,
mais aussi dans toute l'Afrique occidentale et méridionale.

Les *hippopotames* n'ont vraiment aucune ressemblance
avec des chevaux, malgré leur nom, qui en grec signifie,

comme je l'ai dit, *chevaux de rivière*. Ce sont de fort vilains
animaux de très forte taille, est surtout leur tête est en
quelque sorte monstrueuse. Un corps long de deux mètres

L'hippopotame d'Afrique.

et plus, épais, lourd et ventru, repose sur de grosses
jambes très courtes ; de sorte que l'animal n'a pas plus d'un
mètre soixante-cinq centimètres sur le dos. Un cou très
court et très gros supporte une tête prolongée en un énorme
museau. L'œil est très petit, et l'oreille, très courte. La

gueule, démesurément fendue, bordée de grosses lèvres
très charnues, est armée en avant de très grandes dents,
qui semblent mal rangées. Ce sont quatre fortes incisives
en haut comme en bas, et deux canines recourbées, plus
massives encore, implantées dans chaque mâchoire. La
bouche renferme au fond vingt-six dents molaires. On compte
à chaque pied quatre doigts courts, terminés par des sabots
très visibles. La peau est nue, épaisse et très résistante.
Ce sont des animaux essentiellement aquatiques; ils plon-
gent avec une extrême facilité. Bien qu'ils respirent l'air
de l'atmosphère par des poumons, comme tous les mammifères, les hippopotames, grâce à une disposition intérieure de leurs veines, peuvent rester quarante à quarante-cinq minutes sous l'eau sans revenir respirer à la
surface. Ils vivent dans les fleuves et les rivières de l'É-
gypte, de la Nubie, de l'Abyssinie, de la région des grands
lacs africains, de Mozambique, de l'Afrique australe, des
Guinées et du Sénégal. On en a signalé une autre espèce
plus petite sur la côte de Libéria, dans la Guinée occidentale. Tous ces animaux vivent des plantes et des racines
qu'ils vont rechercher, la nuit, sur les bords des eaux
qu'ils habitent. Ils se creusent comme refuge, au fond du
lit des fleuves, de grandes fosses où ils se retirent plusieurs ensemble. L'ivoire de leurs canines ou défenses est
un objet de commerce que l'on apporte en Europe.

On trouve en Europe et ailleurs beaucoup d'ossements
fossiles d'hippopotames; ils témoignent de l'existence antérieure de trois espèces, aujourd'hui disparues.

Du reste, l'ordre des pachydermes a été autrefois représenté sur la terre par un grand nombre d'animaux assez
différents de ceux dont il vient d'être parlé, et qui ont cessé
d'exister depuis de longs siècles. Plusieurs appartenaient
non seulement à des genres, mais même à des familles
dont aucune espèce n'a duré jusqu'à l'époque actuelle. Les
plus célèbres de ces animaux perdus sont les *palæothe-*
riums, qui ont dû ressembler un peu aux tapirs, et dont

on a distingué au moins sept ou huit espèces ; les *anoplothe-riums*, animaux singuliers où se trouvaient mélangés des traits de la conformation du cheval, du cochon, du rhino-céros, de l'hippopotame et du chameau. On pourrait citer plus de vingt autres genres de pachydermes éteints, dont plusieurs offraient une organisation fort singulière, et for-maient comme des types intermédiaires entre les divers groupes naturels du même ordre qui peuplent la terre à notre époque.

CHAPITRE VII

LES MAMMIFÈRES

A DENTS UNIFORMES

---

§ 1. — LES ÉDENTÉS

Je réunis en un même chapitre deux ordres de mammifères très distincts l'un de l'autre. Je les confonds, pour
les besoins de la rédaction de ce livre, sous un même titre ;
mais je tiens à ce que le lecteur ne les confonde pas à son
tour dans un même groupe naturel, ce qui serait contraire
à la vérité. Ce titre commun, que je leur ai imposé ici,
rappelle un des traits importants de leur organisation, qui
établit une ressemblance entre eux ; mais il en est beaucoup d'autres qui constituent des différences tranchées. Il
importe donc de laisser bien séparés l'un de l'autre l'ordre
des *édentés* et celui des *cétacés*.

Que veut dire ce titre de *mammifères à dents uniformes?*
Il indique une disposition fort remarquable de l'appareil
dentaire, appareil d'une grande importance, puisqu'il est
en rapport avec la nature des aliments. Chez l'immense

majorité des espèces d'animaux mammifères, on trouve les mâchoires armées de dents dont la forme est bien distincte, selon qu'elles sont implantées sur le devant, ou au fond de la bouche. D'après ces différences de forme, qui indiquent des différences d'usage, on reconnaît trois sortes de dents : en avant les *incisives*, et près d'elles habituellement sur les côtés des *canines;* au fond les *molaires*, ou *machelières*. Il y a, en un mot, sur le devant de la bouche des dents propres à saisir les aliments et à les déchirer, s'il le faut, et au fond des dents propres à les mâcher. Chez les édentés et chez les cétacés, une pareille distinction est impossible. Sans être tout à fait semblables, les dents, qui dans certaines espèces sont extrêmement nombreuses, ont toutes à peu près la même forme. Cette forme, très simple, est, chez les édentés, celle d'un cylindre peu épais, une sorte de bâtonnet court et tronqué; chez les cétacés, c'est la forme d'un petit cône légèrement recourbé en arrière. Ce qui distingue véritablement ce système dentaire chez les uns et chez les autres, c'est l'uniformité des dents. Il n'y en a plus trois sortes, il n'y en a qu'une. Hâtons-nous d'ajouter que, parmi les espèces de ces deux ordres, il en est quelques-unes qui n'ont point de dents du tout.

Le nom de l'ordre des *édentés* ne signifie pas : animaux privés de dents; mais bien : animaux qui n'ont pas de dents sur le devant. Ce sont des mammifères *brèche-dents*, si l'on peut employer ce terme vulgaire. Loin de ne pas avoir de dents, quelques édentés on ont plus qu'aucun mammifère, et il y en a peu qui en soient tout à fait dépourvus.

Cet ordre réunit des groupes très naturels, mais qui n'ont pas entre eux des ressemblances très prononcées. Les principaux de ces groupes sont : les *paresseux*, ou *tardigrades*, les *tatous*, les *pangolins*, les *fourmiliers*.

On connaît seulement deux genres du premier groupe, celui des *paresseux*. Le premier de ces genres, celui des *bradypes*, comprend deux ou trois espèces, des contrées les plus chaudes de l'Amérique du Sud ; une seule nous est assez bien connue. Le second n'est représenté jusqu'ici que par une espèce, des mêmes contrées ; on lui donne le nom d'*unau*.

Le *bradype à trois doigts,* plus souvent nommé *aï* , et l'*unau,* sont des animaux gros comme des chiens de petite et de moyenne taille. Leur tronc est ramassé et peu flexible ; leur tête, remarquablement ronde et assez petite. Ils ont les membres extrêmement disproportionnés. Les bras sont très longs ; les trois doigts qui les terminent portent des ongles également fort longs, assez crochus. En repliant les ongles sur l'avant-bras, ces animaux s'accrochent aux branches des arbres, comme les singes le font avec leurs mains. Les jambes, ou membres postérieurs, sont, au contraire, peu développées. Grêles et courtes, elles sont tronquées au bout, et pourvues seulement de deux doigts avec des ongles bien moins forts que ceux de devant. Le corps est couvert d'un poil abondant, singulièrement rude et grossier ; la queue est presque nulle. Ces animaux n'ont point de dents sur le devant de la bouche ; ils vivent de feuilles et de fruits. A terre, ils peuvent à peine se mouvoir ; un peu plus agiles sur les arbres, où ils se tiennent habituellement, ils sont sujets néanmoins à de longues périodes d'immobilité absolue, et leurs mouvements sont toujours très lents. De là est tiré leur nom de *paresseux ;* celui de *tardigrades* vient du latin, et signifie : *animaux à démarche lente.* L'*unau* est le plus grand des deux animaux que je viens de décrire ; il est gris-brun, tandis que l'*aï* est simplement gris.

Les *tatous* sont remarquables par la carapace résistante qui revêt le dessus de leur tête, ainsi que le dessus et les côtés du corps. Sur la tête, c'est une seule pièce ; mais sur le corps elle se compose d'un bouclier distinct sur les épaules et d'un autre sur la croupe. Entre ces deux grandes pièces, des bandes transversales plus ou moins nombreuses complètent la carapace ; elles permettent au

tronc de conserver, sous cette sorte de cuirasse, une certaine flexibilité. La queue, de moyenne longueur, est
recouverte de plaques cornées; on en voit aussi sur les
membres. Toute cette enveloppe protectrice indique des
animaux fouisseurs. Les ongles longs et robustes qui
arment leurs doigts servent à creuser les terriers où ils se

Tatous à trois bandes.

tiennent. Ce sont des êtres lents, dont la nourriture consiste surtout en fruits et en insectes. Leurs dents, souvent
très nombreuses (quatre-vingt-quatorze à quatre-vingt-
seize chez quelques-uns), sont toutes de même forme cylindrique; il n'y en a pas généralement sur le devant de la
bouche. Leur taille varie depuis celle d'un rat jusqu'à
celle d'un chien de moyenne taille. Toutes les espèces
connues habitent l'Amérique méridionale, les Guyanes, le
Brésil, le Pérou, le Paraguay, la Plata, et jusqu'au nord
de la Patagonie.

9*

Les *pangolins* semblent représenter les tatous en Asie et en Afrique. Leur corps n'est pas protégé par une carapace à plusieurs pièces, mais par des écailles cornées, imbriquées les unes sur les autres, comme les tuiles ou les ardoises d'un toit. Ces écailles règnent sur le museau et le front, sur le dos et sur les flancs, sur les deux faces de la queue et sur les côtés extérieurs des membres. Ce sont des animaux bas sur pattes, lourds et lents dans leurs mouvements. Leur queue, souvent fort longue, semble alourdir encore le tronc. Ils vivent, non pas de matières végétales, mais de fourmis et d'insectes analogues, qu'ils prennent en plongeant dans les trous des habitations de ces animaux une langue extensible, longue et visqueuse. Leurs mâchoires ne portent pas de dents. Leurs écailles sont tranchantes ; ils se roulent en boule, ainsi que les hérissons, lorsqu'un danger les menace, et se trouvent hérissés en tous sens de lames accérées ou pointues.

L'Amérique équatoriale, jusqu'au tropique du Capricorne, nourrit de singuliers animaux dont on ne connaît guère que trois espèces, et que l'on a désignés sous le nom de *fourmiliers*. L'un est un gros animal dont le corps atteint un mètre et un tiers, et se prolonge en une longue queue que des poils très longs transforment en un lourd panache ; on le nomme le *fourmilier tamanoir*. Il est très bas sur jambes. La partie antérieure du tronc s'amincit en un cou fluet et arrondi, auquel fait suite une tête petite, mais allongée en un museau tubuleux au bout duquel s'ouvre une très petite bouche. Des ongles très forts arment les quatre doigts de devant et les cinq doigts de derrière. Le pelage est brun, avec une bande oblique noire bordée de blanc sur chaque épaule. Le tamanoir vit au Pérou, au Brésil, dans les Guyanes et au Paraguay. Lent et solitaire, il ne sort que la nuit pour aller à la recherche des fourmis, qu'il attrape avec sa langue, comme les pangolins.

Les Guyanes et le Brésil possèdent encore le *fourmilier
tamandua*, presque moitié plus petit. Il n'a que trois doigts
en avant. Sa queue est ronde; son pelage, rude et d'un

Le fourmilier tamanoir.

gris sombre. Il répand une forte odeur de musc. Enfin les
mêmes pays nourrissent aussi le *fourmilier didactyle*, ou *à
deux doigts*, espèce encore plus petite, qui vit non plus à
terre, comme les précédentes, mais sur les arbres, où elle
se soutient non seulement à l'aide de ses ongles allongés,

mais aussi à l'aide de sa queue, dont l'extrémité est prenante, comme celle de certains singes d'Amérique. Cette disposition n'existe ni chez le tamanoir ni chez le tamandua. Le fourmilier didactyle n'a que deux doigts en avant, ce qui lui a valu son nom. Il se nourrit, comme les deux autres, de fourmis et de menus insectes. Son poil est long, et d'une couleur fauve. Dans ces trois espèces, la bouche est tout à fait dépourvue de dents.

L'ordre des édentés, qui ne renferme pas actuellement d'animaux de grande taille, a jadis été représenté tout différemment sur la terre. On a trouvé, dans le sol des pampas de l'Amérique du Sud et dans les cavernes du Brésil, des ossements d'un grand édenté qui, placé sur ses quatre jambes, avait quatre mètres de longueur et trois de hauteur. Cette espèce a été nommée *mégathérium,* c'est-à-dire *grand animal.* Dans les mêmes terrains ont été recueillis les ossements, également fossiles, de deux ou trois autres édentés colossaux, mais un peu moins grands, auxquels on a donné le nom générique de *mylodons.* On connaît une espèce éteinte de tatou gigantesque, appelé *glyptodon.*

§ 2. — LES CÉTACÉS OU MAMMIFÈRES
EN FORME DE POISSON

Telle est la ressemblance extérieure des *cétacés* avec les poissons que, sans ignorer qu'ils respirent par des poumons et qu'ils allaitent leurs petits, les anciens naturalistes les ont longtemps réunis dans une même classe avec ces animaux aquatiques. Aujourd'hui on tient compte, comme il convient, de ce caractère essentiel de l'existence des mamelles et de l'allaitement donné aux petits. Les cétacés sont des mammifères; mais ce sont des mammifères qui, comme les poissons, ne peuvent plus se tenir ni se mouvoir à terre. Ils sont faits pour vivre toujours dans l'eau ; presque tous vivent même dans l'eau des mers. Il en est dont les proportions immenses dépassent de beaucoup celles des plus grandes espèces d'animaux terrestres.

Les cétacés ont le sang chaud (c'est-à-dire, à température invariable) comme les mammifères. Leur peau, lisse et nue, ne montre pas trace d'écailles, non plus que de poils ; mais elle est constituée comme la peau nue de certaines espèces de mammifères terrestres. Leur corps a la forme de celui d'un poisson : tête confondue avec le tronc en avant ; pas de cou apparent ; queue faisant suite au tronc en arrière et terminant l'animal en pointe ; mais les nageoires n'imitent qu'imparfaitement celles des poissons. Les cétacés ont une seule paire de membres, celle de devant ; ils n'ont en outre qu'un double aileron à l'extrémité de la queue ; quelques espèces ont aussi un petit aileron sur le sommet du dos. Voilà tout l'appareil des nageoires chez ces animaux ; tandis que la plupart des poissons ont une paire de nageoires pectorales (membres antérieurs) et une paire de nageoires abdominales (membres postérieurs), plus une ou deux nageoires sur le dos, une sous la queue, derrière l'anus, et, à l'extrémité de la queue, une nageoire qui diffère sensiblement du double aileron caudal des cétacés. La nageoire placée au bout de la queue d'un poisson est toujours dressée dans le sens de la hauteur, verticalement ; le double aileron des cétacés forme au bout de leur queue une nageoire horizontale.

Ajoutons que les cétacés montrent des instincts supérieurs à ceux des poissons. Beaucoup d'entre eux vivent en troupes plus ou moins nombreuses, errant à la surface des mers ou confinés dans les parages de quelque rivage désert, dans les canaux de quelque archipel. Ils nagent tous avec une grande facilité, plusieurs même avec une certaine élégance. Les dauphins se plaisent à suivre les navires, à la manière des requins; ils se jouent avec grâce autour des bâtiments. Leur course rapide, les mille détours qu'ils ne cessent d'exécuter offrent souvent aux marins, durant les loisirs forcés d'une longue traversée, un passe-temps qui les distrait de la monotone existence du bord, et égaye, par le spectacle d'êtres animés, la morne solitude de la pleine mer.

Tous les vrais cétacés méritent le nom de *souffleurs;* car tous rejettent, par une ouverture naturelle appelée *évent,* située sur le haut de la tête, une colonne d'écume qui s'aperçoit souvent au loin. L'évent est l'orifice des narines; il sert à débarrasser l'animal de l'eau qu'il a avalée en même temps que sa proie.

On peut citer deux familles principales de *cétacés :* les *dauphins* et les *baleines.*

Les *dauphins* ont, en général, aux deux mâchoires une série régulière de dents en forme de pointe courbée. Certaines espèces en possèdent une cinquantaine, d'autres beaucoup plus encore. Les espèces les plus communes sur nos côtes sont le *dauphin ordinaire* et le *marsouin.* Le premier se reconnaît surtout à l'allongement de son museau en une sorte de bec. Ces animaux fréquentent de préférence les embouchures des fleuves; souvent ils en remontent le cours jusqu'à une certaine hauteur; mais, comme presque tous les dauphins, ils se tiennent surtout à la mer. On connaît cependant, dans la Bolivie, une espèce qui habite constamment les fleuves.

Le dauphin ordinaire à trois mètres environ de longueur; le marsouin n'atteint pas deux mètres. Le dauphin a été célébré par les anciens comme un animal intelligent et doux, très ami de l'homme. Nous ne connaissons aujourd'hui sur cet animal rien qui justifie cette légende.

La famille des *baleines* comprend les grands cétacés, les plus grands animaux du monde actuel. Ils se distinguent

par une tête énorme, qui les a souvent fait nommer cétacés à grosse tête. Ces vastes dimensions proviennent du
développement considérable des mâchoires et des os de
la face. D'abord se présente le genre *baleines*, dont l'espèce
la plus célèbre est la *baleine franche*. Son énorme bouche
ne possède pas une dent. La mâchoire supérieure est
garnie d'une série de lames cornées, régulièrement rangées l'une à la suite de l'autre le long du bord de la
mâchoire, et dirigées de haut en bas. On les nomme *fanons*, et ils fournissent au commerce la matière appelée la
baleine.

La baleine franche a été depuis trois siècles l'objet d'une
chasse très active; aussi ne la trouve-t-on plus dans beaucoup de parages où elle était commune autrefois. Celles
que l'on rencontre plus au nord, vers les régions glaciales,
deviennent chaque année plus défiantes et plus timides;
elles sont aussi, assurent les baleiniers, moins grandes en
général que celles des premiers temps de la pêche. On en
prend rarement aujourd'hui qui excèdent vingt-trois mètres
de longueur, tandis qu'autrefois on en capturait assez fréquemment de trente à trente-deux mètres. Un individu de
cette taille, si l'on cherche à calculer son poids, peut être
regardé comme devant peser presque autant que quatre
cents bœufs. La force des baleines est en rapport avec leur
dimension; d'un seul coup de queue, un de ces animaux
lance en l'air une chaloupe chargée d'hommes. Sous le
coup de harpon qui l'atteint, une baleine plonge avec
tant de rapidité et d'énergie, que si le câble fixé à cette
arme s'accroche au bord du canot, celui-ci coule bas
aussitôt, entraîné par l'élan de l'animal vers le fond de la
mer.

On pêche aussi dans les mêmes parages voisins des pôles
les *rorquals*, ou baleines à aileron sur le dos, qui sont peu
différents de structure.

Dans la même famille se place encore le genre des *cachalots*, dont la taille gigantesque rivalise avec celle des ba-

leines. Les cachalots n'ont point de dents ni de fanons à la machoire supérieure ; leur mâchoire inférieure est armée d'une série de dents coniques semblables entre elles. Leur

Le cachalot à grosse tête.

museau monstrueux contient un réservoir d'une matière grasse, connue dans le commerce sous le nom de *blanc de baleine*. Sous la peau, comme chez la baleine, est une épaisse couche de graisse ou lard. Les cachalots habitent les régions équatoriales de l'océan Atlantique et de l'océan Pacifique.

Les matières grasses huileuses que l'on tire en abondance des cétacés et des phoques sont depuis des siècles recherchées avec ardeur par les marins de l'Europe. Cette pêche est surtout exploitée maintenant par les Américains des États septentrionaux de l'Union. Les navires nombreux qui exercent cette industrie sont connus sous le nom de *baleiniers*. Les hommes qui les montent s'exposent chaque année aux rudes épreuves d'une navigation lointaine et dangereuse. Ils affrontent les glaces flottantes, les banquises, qui couvrent les mers polaires de leurs glaçons agglomérés. A cette rude école se forment des marins hardis, expérimentés et aguerris. La pêche du hareng, celle de la morue et celle de la baleine préparent merveilleusement les races de gens de mer parmi lesquelles se recrutent au besoin les équipages des grandes flottes de guerre. Les pêcheurs de baleines livrent à ces gigantesques animaux de véritables batailles. Le navire baleinier se tient à distance, car les soubresauts du monstre pourraient lui infliger de graves avaries. Six, huit ou dix hommes descendent dans une chaloupe. L'un d'eux, debout à l'avant, tient dans ses mains l'arme du baleinier, le *harpon,* lourde lance terminée par un large fer en forme de pointe de flèche, et attachée vers son milieu à une longue corde enroulée dans l'embarcation. Les autres rament en silence vers le monstre assoupi sur l'eau. Enfin on est à portée; le baleinier lance son harpon de toute sa force, et le fer plonge dans la masse du colosse en faisant jaillir un flot de graisse liquide et de sang. La baleine fuit comme une flèche et s'enfonce dans la mer, entraînant harpon, corde et chaloupe avec ceux qui la montent. Mais on prépare un nouveau harpon. L'animal va revenir avant peu respirer à la surface de l'eau. C'est là que l'attend son ennemi. La voici; vite il lui lance un nouveau dard au défaut de l'aisselle, et, si le coup a réussi, un énorme flot de sang tient aussitôt la mer; la baleine est blessée à mort. La fuite recommence; mais l'animal s'affaiblit; il reçoit, s'il le faut, de nouvelles blessures. Il se débat, frappe la mer de sa vaste queue, et l'agite comme une tempête. Enfin il succombe; le navire approche; il fixe le corps de la victime le long de son bord, et les marins descendent le dépecer à coups de hache. Une baleine donne de quatre-vingt-dix à cent vingt tonneaux d'huile.

FIN

TABLE ANALYTIQUE

DES MATIÈRES CONTENUES DANS CE VOLUME

INTRODUCTION

CHAPITRE I

LES SINGES

CHAPITRE II

LES MAMMIFÈRES INSECTIVORES

CHAPITRE III

LES CARNIVORES

CHAPITRE IV

LES RONGEURS

CHAPITRE V

LES MAMMIFÈRES A SABOTS QUI RUMINENT

CHAPITRE VI

LES MAMMIFÈRES A SABOTS QUI NE RUMINENT PAS

CHAPITRE VII

LES MAMMIFÈRES A DENTS UNIFORMES

14328. — Tours, impr. Mame.

BIBLIOTHÈQUE DES FAMILLES

ET DES MAISONS D'ÉDUCATION

FORMAT PETIT IN-8°

Ouvrages illustrés de nombreuses gravures

ARC-EN-CIEL (L'), par Mme Julie Lavergne.

CONTES ARABES TIRÉS DES MILLE ET UNE NUITS, traduction de Galland.

CONTES FRANÇAIS, par Mme Julie Lavergne.

ESQUISSES DES ANIMAUX MAMMIFÈRES les plus remarquables, par M. Ad. Focillon, directeur de l'école supérieure municipale Colbert, à Paris.

FLEURS DE FRANCE, Chroniques et légendes, par Mme Julie Lavergne, auteur des *Neiges d'antan*, des *Légendes de Touraine* et de la *Bretagne*, etc.

INSECTES (LES), par M. l'abbé J. J. Bourassé.

LES POISSONS, par C. Millet.

MÉCONNU, par Florence Montgommery; traduit de l'anglais par Mme Charles Deshorties de Beaulieu.

MONDE SOUTERRAIN (LE), ou Merveilles géologiques, par M. de Longchêne.

PARABOLES DE LA NATURE, par Marguerite Gatty; traduction de l'anglais.

PAYS NOUVEAUX (LES), par Paul Bory.

PREMIÈRES CONQUÊTES DE L'HOMME (LES), par Paul Bory.

PROMENADES D'UN NATURALISTE, par M. A. O.

ROUGES-GORGES (UNE FAMILLE DE), traduit de l'anglais de Mme Trimmer, par Marie Guerrier de Haupt.

ROYAUME DU BONHEUR (LE), ou les Aventures d'une petite souveraine, par Marie Guerrier de Haupt.

SIMON LE POLLETAIS. Esquisses de mœurs maritimes, par H. de Chavannes de la Giraudière.

TEBALDO, ou le Triomphe de la charité: histoire corse, par Mme la C^{sse} de la Rochère.

TYPES ET CARACTÈRES, esquisses morales et pittoresques, par Gaston de Varennes.

UN TOURISTE ALPIN à travers la forêt de Bregenz et la Via Mala, par F.-A. Robischung.

VARIÉTÉS INDUSTRIELLES, par A. Mingard.

VOYAGES ET AVENTURES DE CHRISTOPHE COLOMB, traduit de l'anglais de Washington Irving, par Paul Merruau.

Tours, imprimerie Mame.

9 782329 447391